看得见的
化学元素

小至一草一木、一沙一石，大至山河湖泊、日月星辰，宇宙间的万物都是由各种元素组成的。自宇宙大爆炸起，元素开始不断形成。目前已知的元素共有118种，其中大部分是自然界中天然存在的，小部分是由科学家在实验室中合成的。只有了解了元素的相关知识，我们才能正确认识所处的物质世界。本书通过漂亮的全彩图片，生动直观地展示了元素周期表的规律和原理，逐一介绍了118种元素的基本性质、发现过程、命名方式和实际应用等知识。通过阅读本书，我们可以揭示化学世界的更多奥秘！

Shinpan Utsukushii Genso
© Gakken
First published in Japan 2017 by Gakken Plus Co., Ltd., Tokyo
Simplified Chinese translation rights arranged with Gakken Plus Co., Ltd. through Future View Technology Ltd.

北京市版权局著作权合同登记　图字：01-2020-5226号。

图书在版编目（CIP）数据

看得见的化学元素 / 日本学研教育出版编著；王梦实译. —北京：机械工业出版社，2023.6（2024.12重印）
ISBN 978-7-111-73000-2

Ⅰ.①看…　Ⅱ.①日…②王…　Ⅲ.①化学元素–普及读物
Ⅳ.①O611–49

中国国家版本馆CIP数据核字（2023）第069582号

机械工业出版社（北京市百万庄大街22号　邮政编码100037）
策划编辑：蔡　浩　　　　责任编辑：蔡　浩
责任校对：龚思文　张　薇　　责任印制：任维东
北京联兴盛业印刷股份有限公司印刷
2024年12月第1版第6次印刷
148mm×210mm・4.5印张・169千字
标准书号：ISBN 978-7-111-73000-2
定价：49.00元

电话服务　　　　　　　　　网络服务
客服电话：010-88361066　　机　工　官　网：www. cmpbook. com
　　　　　010-88379833　　机　工　官　博：weibo. com/cmp1952
　　　　　010-68326294　　金　　书　　网：www. golden-book. com
封底无防伪标均为盗版　　机工教育服务网：www. cmpedu. com

目 录

元素周期表 006

▶ 元素的基本知识
1 何为元素? 008
2 元素还是原子? 009
3 元素从何而来? 010
4 发现元素 011
5 元素周期表 012

◀◀ 第 1 周期
1 氢 [H] 014
2 氦 [He] 016

◀◀ 第 2 周期
3 锂 [Li] 020
4 铍 [Be] 022
5 硼 [B] 023
6 碳 [C] 024
7 氮 [N] 026
8 氧 [O] 027
9 氟 [F] 028
10 氖 [Ne] 029

◀◀ 第 3 周期
11 钠 [Na] 032
12 镁 [Mg] 034
13 铝 [Al] 036
14 硅 [Si] 038
15 磷 [P] 040
16 硫 [S] 041
17 氯 [Cl] 042
18 氩 [Ar] 043

◀◀ 第 4 周期
19 钾 [K] 046
20 钙 [Ca] 048
21 钪 [Sc] 050
22 钛 [Ti] 051
23 钒 [V] 052
24 铬 [Cr] 053
25 锰 [Mn] 054
26 铁 [Fe] 056
27 钴 [Co] 058
28 镍 [Ni] 059
29 铜 [Cu] 060
30 锌 [Zn] 062
31 镓 [Ga] 064
32 锗 [Ge] 065
33 砷 [As] 066
34 硒 [Se] 067
35 溴 [Br] 068
36 氪 [Kr] 069

◀◀ 第 5 周期
37 铷 [Rb] 072
38 锶 [Sr] 073
39 钇 [Y] 074
40 锆 [Zr] 075
41 铌 [Nb] 076
42 钼 [Mo] 077
43 锝 [Tc] 078
44 钌 [Ru] 079
45 铑 [Rh] 080
46 钯 [Pd] 081
47 银 [Ag] 082
48 镉 [Cd] 084
49 铟 [In] 085
50 锡 [Sn] 086
51 锑 [Sb] 087
52 碲 [Te] 088
53 碘 [I] 089
54 氙 [Xe] 090

◂◂ 第6周期

55	铯 [Cs]	094
56	钡 [Ba]	095
57	镧 [La]	096
58	铈 [Ce]	097
59	镨 [Pr]	097
60	钕 [Nd]	098
61	钷 [Pm]	098
62	钐 [Sm]	099
63	铕 [Eu]	099
64	钆 [Gd]	100
65	铽 [Tb]	100
66	镝 [Dy]	101
67	钬 [Ho]	101
68	铒 [Er]	102
69	铥 [Tm]	102
70	镱 [Yb]	103
71	镥 [Lu]	103
72	铪 [Hf]	104
73	钽 [Ta]	105
74	钨 [W]	106
75	铼 [Re]	108
76	锇 [Os]	109
77	铱 [Ir]	110
78	铂 [Pt]	111
79	金 [Au]	112
80	汞 [Hg]	114
81	铊 [Tl]	115
82	铅 [Pb]	116
83	铋 [Bi]	118
84	钋 [Po]	119
85	砹 [At]	120
86	氡 [Rn]	121

◂◂ 第7周期

87	钫 [Fr]	124
88	镭 [Ra]	125
89	锕 [Ac]	126
90	钍 [Th]	127
91	镤 [Pa]	128
92	铀 [U]	129

93	镎 [Np]	130
94	钚 [Pu]	131
95	镅 [Am]	132
96	锔 [Cm]	133
97	锫 [Bk]	133
98	锎 [Cf]	133
99	锿 [Es]	133
100	镄 [Fm]	134
101	钔 [Md]	135
102	锘 [No]	135
103	铹 [Lr]	135
104	𬬭 [Rf]	136
105	𬭊 [Db]	136
106	𬭳 [Sg]	136
107	𬭛 [Bh]	136
108	𬭶 [Hs]	137
109	鿏 [Mt]	137
110	𫟼 [Ds]	137
111	𬬭 [Rg]	137
112	鿔 [Cn]	138
113	鿭 [Nh]	138
114	𫓧 [Fl]	138
115	镆 [Mc]	138
116	𫟷 [Lv]	139
117	鿬 [Ts]	139
118	鿫 [Og]	139

Column 专栏

元素的形成方式	018
稀有金属和稀土争端	030
人体的必需元素	044
造成环境污染的有毒元素	070
元素的色彩故事	091
放射性元素	092
元素发现史	122
原子弹中的元素	135
IUPAC 元素系统命名法	139
寻找新元素	140

元素名称来源列表	142
参考文献	144
图像版权	144

哈勃空间望远镜拍摄的 NGC 604 电离氢区，恒星正在巨大的气体云中形成。

PERIODIC TABLE OF ELEMENTS

元素周期表

族周期	1	2	3	4	5	6	7	8	9
1	1 H 氢								
2	3 Li 锂	4 Be 铍							
3	11 Na 钠	12 Mg 镁							
4	19 K 钾	20 Ca 钙	21 Sc 钪	22 Ti 钛	23 V 钒	24 Cr 铬	25 Mn 锰	26 Fe 铁	27 Co 钴
5	37 Rb 铷	38 Sr 锶	39 Y 钇	40 Zr 锆	41 Nb 铌	42 Mo 钼	43 Tc 锝	44 Ru 钌	45 Rh 铑
6	55 Cs 铯	56 Ba 钡	57-71 镧系元素	72 Hf 铪	73 Ta 钽	74 W 钨	75 Re 铼	76 Os 锇	77 Ir 铱
7	87 Fr 钫	88 Ra 镭	89-103 锕系元素	104 Rf 铲	105 Db 𬭊	106 Sg 𬭳	107 Bh 𬭛	108 Hs 𬭶	109 Mt 鿏

镧系元素	57 La 镧	58 Ce 铈	59 Pr 镨	60 Nd 钕	61 Pm 钷	62 Sm 钐
锕系元素	89 Ac 锕	90 Th 钍	91 Pa 镤	92 U 铀	93 Np 镎	94 Pu 钚

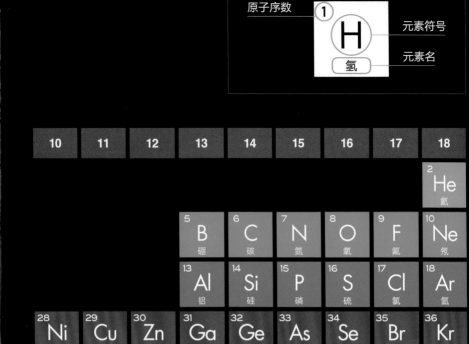

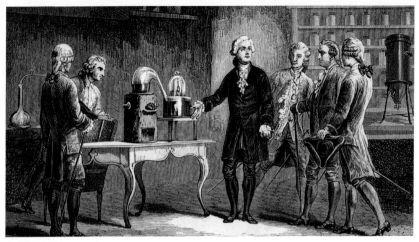

波义耳最先于 1661 年提出："水不是一种单独的化学元素，而是由多种元素（氢和氧）组合而成的。"时隔百余年后，拉瓦锡通过一系列实验发现化学反应前后的物质质量是不变的，于 1774 年提出了著名的"质量守恒定律"。

何为元素？

组成万物的基石

　　古希腊的人们持有朴素的世界观，即认为水、火、土、风四种基本元素构成了我们所处的这个世界。17 世纪，英国科学家罗伯特·波义耳（1627—1691）从实验和观测的角度重新出发，否定了四元素说。他基于大量实验结果，将元素定义为"基本的、不可再分割的独立单元"。这也使得波义耳获得"近代化学奠基人"的美誉。

　　到了 18 世纪，法国化学家拉瓦锡（1743—1794）明确定义了元素和化合物的区别，确立了元素的概念。拉瓦锡指出，元素是化学反应过程中不可再细分的最基本的微小单元。化学元素（简称元素）的大发现时代就此开始！在此之后科学家们又发展出了原子论、基本粒子论等理论，关于物质本质的研究愈发深入细致，当然这都是后话了。

　　截至 2016 年，人们已经发现并命名了 118 种化学元素，包括天然存在的元素和通过粒子加速器合成的人造元素。这 118 种元素相互之间通过化学反应得以组合和连接，形成了超过 5000 万种的化合物，而这一数字每时每刻都在不断上涨。元素形成了种类丰富的化合物，这些化合物组成了我们的血肉发肤以及我们看到的山川大洋。毫无疑问，元素是构成我们宇宙中万物的物质基础。

基本 2 元素还是原子？

同一种物质，不同的表达

当我们讨论物质的本质时，元素和原子都能被视为物质的最小组成单元，两者之间似乎没有什么区别。但如果你当真这么想，那可就大错特错了，因为元素和原子所表达的概念是截然不同的。原子是组成物质的具体微粒，例如氢原子就是"一个质子构成的原子核加上一个环绕四周的电子所组成的小微粒"。元素呢？元素是一类原子的集合，这些原子具有相同的质子数，也就具有相同的化学性质，因此属于同一种元素。我们可以说"这里有一个或好几个氢原子"，但"这里有一个氢元素"这样的说法就不是很恰当了。

元素和原子的差异还体现在同位素上。我们还是以氢为例，上文提到氢原子的原子核由一个质子组成，但其实还存在一些氢原子的原子核拥有一个质子和一个中子，称为重氢（氘）。像这样质子数和电子数一样，但中子数不一样的原子被称为同位素。互为同位素的单个原子结构是不同的，但原子的化学性质是由质子数和电子数决定的，互为同位素的原子具有相同的化学性质。因此，只有一个质子的氢和有一个质子一个中子的重氢，在元素周期表上都同属于 1 号元素——氢元素。

[化学性质]

化学性质是物质在化学反应中表现出来的特征及性质，主要是由质子数和电子数决定的，因此同位素之间的化学性质几乎完全一致。

[物理性质]

物理性质包括物质的质量、沸点、熔点、密度等具体参数，因此即使互为同位素，也会由于中子数不同而导致物理性质上的差异。

几种氢原子的示意图

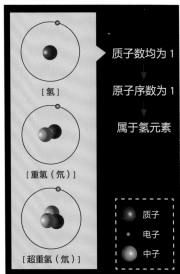

[氢]

质子数均为 1

原子序数为 1

属于氢元素

[重氢（氘）]

[超重氢（氚）]

质子
电子
中子

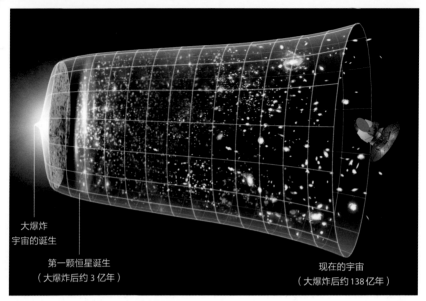

大爆炸
宇宙的诞生

第一颗恒星诞生
（大爆炸后约 3 亿年）

现在的宇宙
（大爆炸后约 138 亿年）

宇宙探测器揭示出自大爆炸之后的宇宙图像。

元素从何而来？
基本 3
在宇宙大爆炸中产生，在恒星内部扩充壮大

　　宇宙诞生于距今约 138 亿年前的一次大爆炸，大爆炸之后 10^{-12} 秒产生了一种名为"夸克"的基本粒子，这时还没有元素产生。大爆炸之后 10^{-6} 秒，宇宙温度开始下降，夸克结合形成了质子和中子，这里的质子也就是一切元素的起点：氢原子核。在随后的几分钟内，若干质子和中子互相结合，形成了少量的氦（2 号元素，He）和锂（3 号元素，Li）这两种较轻的原子核。

　　宇宙诞生之后的 3 亿年内，氢元素在引力作用下聚集形成恒星的雏形。它在聚集到相当致密的程度后被彻底点燃——核聚变启动了，恒星就此诞生。在恒星内部，氢先是聚变为氦，氦进一步聚变为碳（6 号元素，C），碳再次参与聚变形成氧（8 号元素，O）。由此不断进行下去直至生成铁（26 号元素，Fe），这时一颗恒星的寿命也走到了尽头。

　　比铁更重的元素不再通过恒星内部的核聚变来产生。部分恒星最后会以超新星爆发的方式终结一生。研究显示，铁之后的元素很有可能是在超新星爆发的过程中产生的。

基本 4 发现元素
无序中找有序，混沌中见真章

人类最初发现并加以利用的元素包括碳、金、银、铜、锡、铅、铁等，这些元素大多储量丰富或简便易得。到了中世纪，炼金术师在实验中发现了锌、锑和砷。

然而，元素发现的成果集中涌现却要等到 18 世纪后半叶，此时已发展出近代化学作为其理论指导。19 世纪初，英国科学家道尔顿（1766—1844）提出了原子论，他认为原子是实际存在的粒子，并且有各自的特定质量（原子量）。其中，很多元素具有相似的化学性质，所以在看似独立的各元素之间可能存在某种尚不为人知的规律。

后来，俄国化学家门捷列夫（1834—1907）成功发掘出元素背后的规律。门捷列夫通过一种独创的卡片游戏，将之前发现的元素写在卡片上并按原子量大小进行排列，竟意外地发现性质相似的元素会呈周期性出现在特定的位置。门捷列夫于 1869 年发表了他的元素周期表，经过后人的改良和扩充，发展成了人们现在使用的元素周期表。

俄国化学家德米特里·门捷列夫。

门捷列夫制作的初版元素周期表。在这张图表上，门捷列夫根据周期规律预留了两个空栏，认为此处应属于当时尚未被发现的新元素。数年后，镓和锗的发现证实了门捷列夫的预言，这也是元素之间存在规律性的强有力证据。

元素周期表
用化学世界的运行法则看问题

① 元素符号 [Chemical Symbol]

元素周期表就是化学世界的地图，根据某一元素在周期表中的位置，就可以判断该元素大体具有哪些化学性质。

我们来看元素周期表，首先映入眼帘的是 H、C 等字母。这是全世界通用的元素符号，它们组合在一起形成化学式（物质的组成），化学式相互组合形成化学反应方程式（物质的变化）。元素符号是国际纯粹与应用化学联合会规定的，一般取自元素的英语名称或拉丁语名称的首字母。

[示例　碳元素]

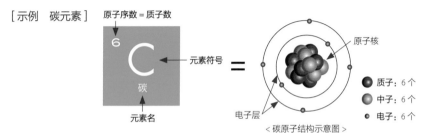

原子序数 = 质子数
元素符号
碳
元素名
原子核
质子：6 个
中子：6 个
电子：6 个
电子层
< 碳原子结构示意图 >

② 原子序数 [Atomic Number]

元素周期表上的元素是按什么顺序排列的呢？每种元素都有一个编号，被称为原子序数，表示构成该元素的原子核中包含的质子数。氢原子的原子序数为 1，因为氢原子的质子只有 1 个。在门捷列夫制作的初版元素周期表中，元素是按原子量排列的，但现在的周期表是按原子序数排列的。

③ 周期 [Period]

元素周期表可以从横向或纵向去观察。其中，每一横行称为周期，现在的周期表内共有 7 个周期，而将来待发现的 119 号元素将位于第 8 周期。处于同一周期的元素具有相同数量的电子层。例如，第 2 周期的碳元素具有两个电子层，锂元素和氖元素的周期与之相同，因此也具有两个电子层。

④ 族 [Group]

周期表中每个纵列称为族，共有 18 族。处于同一族的元素，最外层的电子数相同。族的概念非常重要，因为同族的元素之间具有十分相似的化学性质，是周期性的重要体现。下面我们以此来看看各族元素的概况。

1 碱金属　第 1 族内除氢以外的元素被统称为碱金属。碱金属是一类化学性质十分活泼的物质，很容易发生化学反应而转变为其他物质。

2 碱土金属 第 2 族元素的反应活性要弱于碱金属，被称为碱土金属。

3 过渡金属 第 3 族至第 12 族的元素被统称为过渡金属。过渡金属有一些共同的性质，例如它们都具有较高的硬度和熔点，良好的导电性、导热性和延展性。镧系元素和锕系元素被称为内过渡金属，同样属于过渡金属大家族。

4 其他金属 除上述已分类的金属元素之外，在其他族内具有金属性质的元素统称为其他金属。这些金属又称贫金属，与碱金属和碱土金属合称为主族金属。

周期	1	2	3	4	5	6	7	8	9	10	11	12	13	14	15	16	17	18
1	H																	He
2	Li	Be											B	C	N	O	F	Ne
3	Na	Mg											Al	Si	P	S	Cl	Ar
4	K	Ca	Sc	Ti	V	Cr	Mn	Fe	Co	Ni	Cu	Zn	Ga	Ge	As	Se	Br	Kr
5	Rb	Sr	Y	Zr	Nb	Mo	Tc	Ru	Rh	Pd	Ag	Cd	In	Sn	Sb	Te	I	Xe
6	Cs	Ba		Hf	Ta	W	Re	Os	Ir	Pt	Au	Hg	Tl	Pb	Bi	Po	At	Rn
7	Fr	Ra		Rf	Db	Sg	Bh	Hs	Mt	Ds	Rg	Cn	Nh	Fl	Mc	Lv	Ts	Og
				La	Ce	Pr	Nd	Pm	Sm	Eu	Gd	Tb	Dy	Ho	Er	Tm	Yb	Lu
				Ac	Th	Pa	U	Np	Pu	Am	Cm	Bk	Cf	Es	Fm	Md	No	Lr

[元素分类]

- ■……碱金属
- ■……碱土金属
- ■……过渡金属
- ■……其他金属
- ■……类金属
- ■……其他非金属
- ■……卤素
- ■……稀有气体
- ■……镧系元素
- ■……锕系元素
- □……待确认化学性质

在金属和非金属之间，存在一类性质独特的类金属。类金属的电阻比典型金属的电阻要大，因而是极好的半导体材料。类金属主要分布在第 13 族至第 16 族。硼、硅、锗、砷、锑、碲等六种元素一般被视为类金属，钋和砹有时亦被归于此类。这几个族内包罗万千，除了金属和类金属，还有不导电的非金属（碳、氮、氧等）。

下面我们来看最后几类性质十分独特的元素。

5 卤素 第 17 族元素吸引电子的能力很强，在化学反应中常转变为带负电的阴离子。由于这样的化学特性，第 17 族元素容易与金属反应并形成盐，因此被称为卤素，意为"成盐的元素"。

6 稀有气体 第 18 族元素大部分都是无色无味的气体，同时又很难与其他元素发生反应，被称为惰性气体。以前的化学家认为它们很罕见，因此它们又被称为稀有气体。

7 镧系元素 以镧为首的一系列过渡金属，具有相似的最外层电子结构，也就具有相似的化学性质。镧系元素和同族的钇、钪两元素合称为稀土元素或稀土金属。

8 锕系元素 以锕为首的一系列过渡金属，同样具有相似的最外层电子结构和化学性质。锕系元素均为强放射性元素。

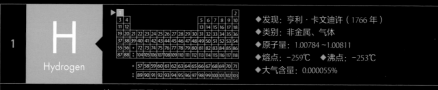

1	H	▶	1										2

◆发现：亨利·卡文迪许（1766 年）
◆类别：非金属、气体
◆原子量：1.00784~1.00811
◆熔点：-259℃　◆沸点：-253℃
◆大气含量：0.000055%

注：1. 原子量又称相对原子质量，是以碳 -12 原子质量的 1/12 为基准的各元素的相对平均质量；
　　2. 熔点、沸点均表示标准状态（25℃，100kPa）下的数值；
　　3. 大气含量为体积比；
　　4. 有些数据本身存在争议或为近似值，仅供参考。

↑哈勃望远镜捕获到的宇宙深处的图像。其中，氢元素以孤立原子或氢气分子的形式存在于星系之间，同时也是恒星的主要成分。

　　宇宙诞生于大约 138 亿年前的大爆炸，大爆炸之初产生的元素便是氢。直到今日，氢依然是宇宙中最基本的元素，宇宙总质量的约 75% 来自氢元素。地球上的氢元素也很丰富，是构成生命的必需元素之一。氢在人体内占据了约 10% 的质量，主要存在于水分子和有机物中，也有一部分以氢离子的形式出现。

　　"氢弹爆炸"和"氢气爆燃"指的是两种完全不同的现象。氢弹的主要组成原料

小知识 1766 年，卡文迪许发现酸和金属反应会产生一种可燃性气体，该气体在燃烧后会生成水。后来拉瓦锡根据这一性质，将其命名为 Hydrogen，在希腊语中意为"产生水的物质"。

➡将氢的放射性同位素氚（超重氢）添加到表盘指针中，可以制作在黑暗中自发光的手表。

⬇人们在早期的雷达脉冲器中封装氢气以维持较高的工作电压。现在，这类装置已被替换为半导体材料。

⬅发射火箭时，可采用液态氢燃料。将液态氢和液态氧混合后燃烧，可以获得强劲的推动力。

⬅锌（Zn）和盐酸（HCl）反应可以制备氢气。可以看出，氢气外观上是无色透明的。

⬅由于氢气的密度比空气小得多，因此被作为早期飞艇的填充气体。1937 年，德国兴登堡号飞艇中的氢气发生爆燃。此次空难事件后，飞艇的填充气体改成了更加安全的氦气。

是氢的两种放射性同位素——氘和氚，它们之间发生核聚变反应从而释放出惊人的巨大能量。

　　如此看来，氢距离我们的日常生活似乎过于遥远了。但在不久的将来，氢能源可能将会逐步取代化石燃料成为未来的主流能源，这是由于氢气燃烧的产物仅仅是水，对环境更加友好。此外，利用氢气和金属镍制成的氢燃料电池也开始投入使用，以取代高污染的传统镍镉电池。以氢元素为核心的新能源研究工作已在世界各地如火如荼地开展了。

2	**He** Helium

◆ 发现：约瑟夫·诺曼·洛克耶 等（1868 年）
◆ 类别：非金属、气体　◆ 原子量：4.002602
◆ 熔点：−272℃　◆ 沸点：−269℃
◆ 大气含量：0.000524%

氦

来自太阳的元素，在地球上储量稀少

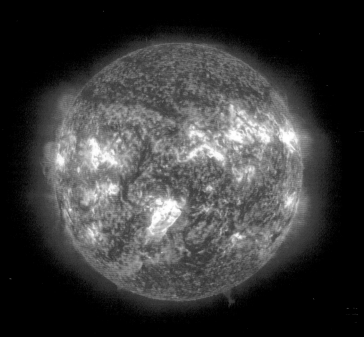

⬆ 在太阳内部，氢不是通过燃烧放热，而是通过核聚变反应变成了氦。伴随着氦元素的不断产生，太阳释放出了大量光能和热能。

　　氦元素位于第 18 族，是一种无色无味的稀有气体。在太阳系中，氦占据了总质量的约 27%，仅次于氢。但在地球上，由于氦的密度很小，很容易脱离地球引力的束缚而逸散出去。同时，氦的化学性质极不活泼，难以与其他元素结合形成化合物，因此地球上的氦含量很少。

　　我们目前能使用的氦气主要是从空气中提取的。氦气的密度小于空气，不可燃，所以不会像氢气一样发生爆炸。氦气作为一种安全性良好的填充材料，除了用于飞艇和气球，也可以液化后用作超导材料的冷却剂，在核磁共振装置和磁悬浮列车中广泛使用。

小知识　氦元素的名称 Helium 源于希腊语 Helios（意为"太阳"），因为氦是在太阳光谱中被首次发现的。

⬆法国天文学家让森和英国天文学家洛克耶等人通过对太阳光谱的分析发现了氦元素。1878 年，法国为纪念该科学事件而发行了奖牌，奖牌背面的形象是希腊神话中的太阳神赫利俄斯。

⬆飞艇上使用的氦气罐。由于氦的密度比空气低，安全性优于氢，因此广泛用于气球和飞艇的升降控制。

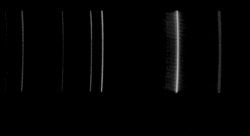

⬅通过光谱仪，我们可以识别出氦元素独特的光谱线。每种原子都会吸收或释放特定波长和强度的电磁波，因此元素的光谱线是如指纹般独一无二的标志。通过分析光谱，即可识别出检测物中含有哪些元素。

⬆氦气是无色的，但如果将其封装进放电管中并通电，氦气就会发出淡粉色的光。

　　顺便一提，你可以通过吸入氦气来实现短暂的变声效果，它会使你的嗓音听起来十分尖锐。这是由于声音在氦气中的传播速度比在空气中更快，口腔的共鸣频率提高了。在进行该实验时，需要将氦气和氧气混合后吸入。如果你吸入的是纯氦气，那会让氦气完全充满肺部，导致缺氧窒息。

　　1868 年，法国天文学家皮埃尔·让森在印度观测日食时，从太阳光谱中发现了一组不属于其他已知元素的未知谱线。同时期进行观测的还有英国天文学家约瑟夫·诺曼·洛克耶和爱德华·弗兰克，他们对观测到的未知谱线进行分析，由此发现了新的元素，并将新发现的元素命名为氦（Helium）。

小知识 1895 年，英国化学家威廉·拉姆齐等人将沥青铀矿用无机酸处理之后，成功制得了氦气。这是因为铀和钍的衰变过程中会产生 α 粒子，即氦原子核。

专栏
Column

元素的形成方式

比铁更重的元素是如何产生的？

开普勒超新星遗迹的 X 射线影像。超新星爆发时的极端高温环境，使得其中约 75% 的铁元素可以聚变形成更重的元素。

纵观地球表面，约有 70% 是被水覆盖的，地球看上去就是一个"水球"。实际上，水仅占地球总体积的 0.7%。另一方面，地球有三分之一的质量是铁元素贡献的，从这个角度来讲，地球其实是个名副其实的"铁球"。

铁元素在宇宙中的含量位列第六。正如前文所说，铁是恒星内部核聚变反应的终点，因此会不断产生积累。

恒星就是一个不断合成化学元素的核反应堆，在高温高压的环境下进行着核聚变反应。"聚变"指的就是原子核互相结合形成更重的原子。相反，原子被拆解就是核裂变。例如，在太阳内部，主要发生了氢聚变成氦的反应，同时以光和热辐射的形式释放能量。聚变反应进行到铁元素时便会终止，这是因为原子核互相靠近时，需要克服核之间的排斥力。铁原子核中的质子数已经很多了，因此排斥力相较于较轻的原子会更强，难以继续聚变。

那么，自然界中存在的、比铁重的元素，诸如金、铀等，是如何产生的呢？目前主流理论认为这些元素的产生与超新星爆发有关。

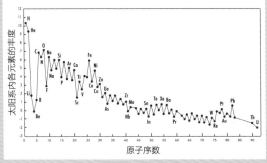

地球地壳中的元素的
质量占比（％）

氧（O）	49.5
硅（Si）	25.8
铝（Al）	7.56
铁（Fe）	4.70
钙（Ca）	3.39
钠（Na）	2.63
钾（K）	2.40
镁（Mg）	1.93
氢（H）	0.87
钛（Ti）	0.46
其他	0.76

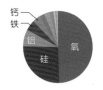

上图是太阳系内各元素的丰度图。可以看出，偶数号原子序数的原子比相邻的奇数号原子要更多一点。原子序数越大，丰度逐渐降低，但铁元素要比其他所有金属都多。铁之后的元素，一般在高温高压的超新星爆发中产生，具体涉及快中子捕获过程。

　　当一颗恒星的质量达到太阳的 8 倍或更多时，它最终会以超新星爆发为结局。在爆发的短短几秒内，该恒星会释放出太阳数亿年时间所产出的能量。在这种极端的高温高压环境下，中子得以与铁原子激烈碰撞，从而合成比铁更重的元素。其中，像金、铂、稀土元素等，其合成过程中的具体细节暂未研究清楚，但可以把这些重元素产生的过程统称为 R- 过程（Rapid 的首字母，意为"快速的"），也就是超新星爆发中的快中子捕获过程。另一种说法指向宇宙中的中子星合并事件，但也仅仅是重元素合成来源的假说之一。至于哪种假说是正确的，有待未来进一步研究考证。

　　铀及铀之前的所有元素，都能在宇宙环境中不断被产生。然而铀之后的元素（原子序数大于 92）开始变得很不稳定，这些元素的原子核衰变时间很短，在自然环境下几乎无法辨识。因此，铀之后的元素都是在粒子加速器或核反应堆中，通过原子之间的碰撞实现人工核聚变来产生的。

　　总之，恒星的核聚变产生了新元素，它们被抛撒到宇宙各处，成为构筑其他星球的原材料，当然也包括我们所处的地球。

| 3 | **Li** Lithium | | | ◆ 发现：约翰·阿尔费特逊（1817 年） ◆ 类别：碱金属　◆ 原子量：6.938~6.997 ◆ 熔点：181℃　◆ 沸点：1342℃ ◆ 主产地：玻利维亚、智利、中国 |

锂

电池材料中需求旺盛的轻金属元素

←金属锂的化学性质与钠相似，可以与空气或水反应，所以需要密封在氩气保护的容器中。

　　锂是一种碱金属，它能与水发生剧烈反应并生成氢气。锂还可以通过各种途径进入人体内而被器官组织吸收导致锂中毒，因此使用时要避免与身体组织接触。锂是密度最小的金属，在与水的反应中是浮在水面上的。

　　含锂的矿石主要有锂云母和锂辉石等。最有名的锂金属产地要属智利的阿塔卡马盐湖，盐水中的锂含量高达 0.15%。仅此一地的锂储量就占全世界锂储量的三分之一。如果再算上玻利维亚的乌尤尼盐沼及其他几个盐湖，那么南美地区的锂储量已占全世界的近八成！

　　锂元素在焰色反应中呈现深红色，经常与同族的钠（黄色火焰）和钾（紫色火焰）

小知识 锂元素的名称 Lithium 源于希腊语 lithos（意为"石头"），因为它存在于各类矿石之中。瑞典科学家阿尔费逊曾是贝采利乌斯的学生，他在锂长石中首次发现了锂元素。

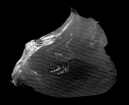

↑具有润滑和防水效果的"锂基润滑脂"，其主要成分是矿物油基底的锂盐。

↑安第斯山脉隆起形成了玻利维亚境内的乌尤尼盐沼。图中是盐水干燥后形成的盐堆，从中可以提取到丰富的锂。

↑一次性的锂干电池。与可循环充放电的锂离子电池不同，锂干电池的负极直接采用了纯金属锂。

↑锂的焰色反应呈现出鲜艳的深红色。

↑锂辉石（$LiAlSi_2O_6$）是锂矿的主要形式之一。成色较好的锂辉石呈现优雅的淡紫色，可作为收藏鉴赏用的宝石。锂辉石主要产自阿富汗。

←产自巴西米纳斯吉拉斯州的锂长石，化学式为 $LiAlSi_4O_{10}$。

组合起来用于调制烟花的颜色。锂基润滑脂可用来代替汽车的润滑油。锂的另一大重要用途是制作锂离子电池。基本原理就是锂离子在电池的正负极之间穿梭移动。由于锂离子电池的重量轻，充放电效率高且储能密度大，因此广泛应用在笔记本电脑、移动通信设备、数码相机和电动汽车领域。与传统蓄电池不同的是，锂离子电池多采用有机物电解质，如果出厂质量不过关或使用时操作不当，就很容易导致局部过热甚至起火，这样的事故已是屡见不鲜。

此外，碳酸锂是目前治疗躁郁症的有效药物之一，尽管我们尚未研究清楚锂元素在人体内到底是如何发挥作用的。

4 Be
Beryllium

																1																	2

◆ 发现：路易－尼古拉·沃克兰（1798 年）
◆ 类别：碱土金属　◆ 原子量：9.0121831
◆ 熔点：1287℃　◆ 沸点：2469℃
◆ 主产地：美国、中国、哈萨克斯坦

铍
祖母绿宝石中不可或缺的成分

⬇将少量的铍掺入金属铜中制得的合金，强度比单纯的金属铜要好，可用于制作弹簧或各种机械工具。

⬆祖母绿（又称绿柱石）是一类含铍的宝石，化学式为 $Be_3Al_2Si_6O_{18}$。其中的微量杂质会对宝石颜色有较大影响，比如海蓝宝石的成分与此几乎一致，因此也属于绿柱石家族。

⬆一块纯度 99.5% 的金属铍。耐热，硬度高，但质地较脆。

⬆扬声器的中央振动板中含有铍，在高频音域的传导能力很好。

　　铍是一种银白色的金属，硬度很高，质地脆而轻巧。铍的机械强度和熔点都很高，因此在工业领域大放异彩。铍制弹簧的强度比钢制弹簧要高出好几倍，锤头和扳手等工具都使用铍铜合金。铍对水和弱酸都有耐蚀性，因此在原子能、激光、航天航空等领域的机械零部件中也有广泛使用。

　　铍粉尘是高毒性的，吸入铍粉会引起"铍症"，主要表现为咳嗽和发热，并会进一步发展成慢性肺炎。不过，随着工业生产中的安全措施不断完善，铍症的发病率正逐年下降。

　　小知识 铍元素的名称 Beryllium 源于 beryl（意为"绿柱石"），沃克兰首次在绿柱石中发现了一种未知的新元素。在铍元素被发现 30 年之后的 1828 年，维勒等人从铍盐中成功分离提取出了单质铍金属。

5

B

Boron

| | | | | | | | | | | | | | | | | |
|1| | | | | | | | | | | | | | | |2|

◆ 发现：盖－吕萨克＆泰纳尔／戴维（1808年）
◆ 类别：类金属　◆ 原子量：10.806~10.821
◆ 熔点：2075℃　◆ 沸点：3927℃
◆ 主产地：美国、土耳其、智利

硼

耐高温玻璃的原料

➡ 硼钠钙石晶体，呈现细纤维状，具有光纤的性质，因此通常被称为"电视石"。化学式为 $NaCaB_5O_6(OH)_6 \cdot 5H_2O$。

⬆ 灰黑色的硼单质晶体，熔点非常高，质地硬而脆。

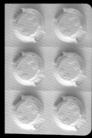

⬇ 耐高温的玻璃量杯，主要成分是二氧化硅（SiO_2）和氧化硼（B_2O_3）。

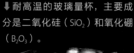

⬆ 硼砂是硼酸盐水合物的晶体，化学式为 $Na_2B_4O_7 \cdot 10H_2O$。在含硼的盐湖矿区内经常能看到盐水干燥后析出的硼砂。医用硼砂制成的水溶液可用于消毒。

⬆ 硼酸团子是常见的杀蟑药，如果人误食了可就危险了。

　　硼是一种灰黑色的类金属元素，在自然界中主要以化合物的形式存在。古时候人们就习得了制取硼砂（即硼酸矿物盐）的工艺。溶解后的硼酸具有杀菌作用，常用于消毒。硼酸药丸可用于驱杀蟑螂。

　　硼元素传导声波的能力很强，所以常被添加到扬声器的振动板中。硼硅酸盐玻璃可以耐热防火，很适合制作实验用的烧瓶和烧杯。氮化硼的性质与石墨非常相似，硬度仅次于金刚石，可用作切削工具或高温环境下的润滑剂。

小知识　硼元素的名称 Boron 源于 borax（意为"硼砂"）。法国科学家盖－吕萨克和泰纳尔，英国化学家戴维分别在同一时期通过电解硼酸制备了硼单质。

C

Carbon

6

	1																2
3	4							5	6	7	8	9	10
11	12							13	14	15	16	17	18
19	20	21	22	23	24	25	26	27	28	29	30	31	32	33	34	35	36
37	38	39	40	41	42	43	44	45	46	47	48	49	50	51	52	53	54
55	56	*	72	73	74	75	76	77	78	79	80	81	82	83	84	85	86
87	88	‡	104	105	106	107	108	109	110	111	112	113	114	115	116	117	118

| * | 57 | 58 | 59 | 60 | 61 | 62 | 63 | 64 | 65 | 66 | 67 | 68 | 69 | 70 | 71 |
| ‡ | 89 | 90 | 91 | 92 | 93 | 94 | 95 | 96 | 97 | 98 | 99 | 100 | 101 | 102 | 103 |

◆发现：-
◆类别：非金属 ◆原子量：12.0096~12.0116
◆升华点：3642℃（钻石）
◆主产地：中国、美国、印度

碳

形态多变的同素异形体

↑经过切割后的钻石，是碳元素的同素异形体之一。钻石是世上硬度最高的矿石。

碳在太阳系中的含量仅次于氢、氦和氧，是第四多的元素。碳的化合物是所有元素中种类最多的。碳化合物又称有机物，包括蛋白质、脂肪、碳水化合物（糖类）等，是构成生命的基本物质。在自然界中，植物通过光合作用将二氧化碳捕获吸收并转化为有机物质。地球上目前已知的所有生物都是含碳的。此外，碳元素也是化石燃料的主要成分，包括石油、天然气、煤炭等。燃烧化石能源会排放大量二氧化碳，这是造成全球气候变暖的主要原因。

石墨也是一种含碳物质，从古代开始就被用于润滑和防火。石墨和钻石，两者都是完全由碳元素组成的，但是原子的排列和结合方式很不一样，因此被称为碳的"同

小知识 碳元素的名称 Carbon 源于拉丁语 carbo（意为"木炭"）。1796 年，英国化学家史密斯·田纳特用硝石燃烧法研究石墨和钻石的组分，发现两者的燃烧产物一模一样，由此断定了石墨和钻石同属于碳的同素异形体。

↑植物死亡后经过长期地质作用演变为煤。煤的主要组分就是碳元素，因此燃烧煤炭会排放大量二氧化碳。

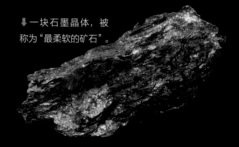

⬇一块石墨晶体，被称为"最柔软的矿石"。

⬅碳原子之间巧妙结合形成足球状的结构，被称为"富勒烯"。毫无疑问这也是碳的同素异形体。富勒烯可由烃类物质合成制得，有望成为新一代的医用润滑剂。

➡二氧化碳在高压条件下凝华成为干冰。图中的白色烟雾不是二氧化碳，而是空气中的水蒸气受冷后急剧凝结成的水雾。

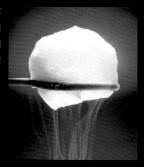

⬅钻石具有超高的硬度，将钻石小颗粒粘在研磨棒的头部，可以提升研磨效率。

素异形体"。石墨的微观结构是碳原子组成正六边形，延展至整个平面；而钻石是碳原子紧密堆叠的正四面体晶体，相同之处是石墨和钻石燃烧后都会产生二氧化碳。此外，碳的同素异形体还有无定形碳和富勒烯（"碳足球"）等。

　　碳材料在我们生活中应用广泛，最常见的就是碳纤维了。碳纤维的直径只有头发丝的十分之一，重量很轻，但强度惊人。碳纤维材料主要用于制作飞机、火箭、人造卫星、汽车以及钓竿等。钻石除装饰用途外，也可用于制作切割刀头和研磨剂，这得益于它超高的硬度。

小知识 1985 年，英国化学家哈罗德·沃特尔·克罗托、美国科学家罗伯特·科尔和理查德·斯莫利等人在氦气流中以激光汽化蒸发石墨，对产物进行质谱分析后发现了富勒烯。三人因这一发现而荣获 1996 年诺贝尔化学奖。

7

N

Nitrogen

1																	2
3	4										5	6	7	8	9	10
11	12										13	14	15	16	17	18
19	20	21	22	23	24	25	26	27	28	29	30	31	32	33	34	35	36
37	38	39	40	41	42	43	44	45	46	47	48	49	50	51	52	53	54
55	56	*	72	73	74	75	76	77	78	79	80	81	82	83	84	85	86
87	88	:	104	105	106	107	108	109	110	111	112	113	114	115	116	117	118
		*	57	58	59	60	61	62	63	64	65	66	67	68	69	70	71
		:	89	90	91	92	93	94	95	96	97	98	99	100	101	102	103

◆ 发现：丹尼尔·卢瑟福（1772 年）
◆ 类别：非金属、气体
◆ 原子量：14.00643~14.00728
◆ 熔点：-210℃　◆ 沸点：-196℃
◆ 大气含量：约 78%

氮

在自然界中循环的营养元素

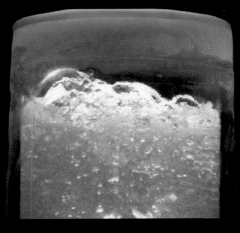

←正在沸腾的液氮。将空气液化后分馏即可制得液氮，它是一种常用的冷却剂。

←立方氮化硼（CBN）的硬度仅次于钻石，是被广泛使用的工业钻磨工具。

↓在遥控飞机模型内涂抹含有氮化硼的润滑脂，可以使齿轮和轴承的转动更加顺滑。

↑氮化硅陶瓷制成的轴承滚珠，在制作滑板等用途中的表现极佳。

　　氮气是一种无色无味的透明气体，占空气体积约 78%。氮也是构成生命不可缺少的元素。含氮无机物包括氨气和硝酸，而氨基酸和蛋白质则是最典型的含氮有机物。豆科植物的根部有一种根瘤菌，可以吸收空气中的氮气并将其转化为含氮化合物，从而使植物能够获得充足氮源。

　　氮气的化学性质极不活泼，可用作食品包装和仓储的填充气体。氮气液化后温度约 -196℃，是常用的冷却剂之一。另外，硝酸甘油也是一类重要的含氮有机物，它以制作炸药的原料而声名远扬，但其实它还具有扩张血管的作用，是治疗冠状动脉粥样硬化和心绞痛的药物。

小知识 氮元素的名称 Nitrogen 源于希腊语 nitre（意为"硝石"）。除了英国的卢瑟福，还有卡文迪许、"气体化学之父"普利斯特里等人也在同一时期进行独立研究并发现了氮元素。

O
Oxygen

		1						2

◆发现：卡尔·威廉·舍勒（1771 年）
◆类别：非金属、气体
◆原子量：15.99903~15.99977
◆熔点：-219℃　◆沸点：-183℃
◆大气含量：约 21%

氧
维持燃烧、促进氧化的气体

↑在澳大利亚发现的叠层石，主要由蓝藻堆叠形成。地球在诞生之初本是缺氧环境，30 亿年前，蓝藻从二氧化碳和水中源源不断地将氧元素提取了出来。

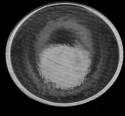

↑液化后的氧气呈现出淡蓝色。氧元素在太阳系中的含量仅次于氢和氦。

↑淡绿色的鱼眼石，化学式为 $KCa_4Si_8O_{20}F \cdot 8H_2O$。鱼眼石的组分中富含氧元素，常生长为针状晶体，性质上与沸石相似。图中矿石产自印度的马哈拉施特拉邦。

　　氧气约占空气体积的 21%，氧与氢结合成为最常见的化学物质——水（H_2O）。氧气可以维持物质的燃烧，也可将生物体内的营养物质缓慢氧化并释放能量，对于生命体活动有着无可替代的作用。但另一方面，进入人体内的一部分氧气会转化为活性氧，这是一种化学性质很活泼的物质，可以氧化细胞，是引起人体衰老和癌症的主要原因之一。

　　纯氧在工业界用途广泛。它主要用于火箭的推进剂、医用输氧、工业乙醇和钢铁产业。纯氧一般从液化空气中分馏制得。

　　一部分氧气在进入大气平流层后会形成氧的另一种同素异形体——臭氧（O_3），并聚集成为地球的臭氧层。臭氧层可以吸收宇宙中的紫外线，从而保护地球生命免遭侵害。

小知识　瑞典科学家舍勒于 1771 年左右就发现了氧元素，但直到 1774 年才将这一成果发表。同时期的普利斯里也独立发现了氧。氧元素的名称源于希腊语 oxys（意为"酸"）和 genes（意为"产生者"）。

9 F
Fluorine

1																	2
3	4									5	6	7	8	9	10
11	12									13	14	15	16	17	18
19	20	21	22	23	24	25	26	27	28	29	30	31	32	33	34	35	36
37	38	39	40	41	42	43	44	45	46	47	48	49	50	51	52	53	54
55	56		72	73	74	75	76	77	78	79	80	81	82	83	84	85	86
87	88		104	105	106	107	108	109	110	111	112	113	114	115	116	117	118

| 57|58|59|60|61|62|63|64|65|66|67|68|69|70|71|
| 89|90|91|92|93|94|95|96|97|98|99|100|101|102|103|

◆发现：亨利·莫瓦桑（1886 年）
◆类别：卤素、气体
◆原子量：18.998403163
◆熔点：−220℃ ◆沸点：−188℃
◆主产地：中国、墨西哥、蒙古

氟

反应活性超强的卤素

⬇➡ 含氟矿物主要有萤石（CaF₂），因其在紫外灯照射下会散发荧光而得名。萤石的发光性与其中的杂质元素关系密切。

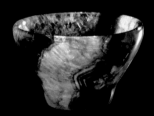

⬆英国德比郡出土的文物"蓝色约翰王"，其实就是一个由萤石打磨成的小碗。

⬅不粘锅表面的涂层"特氟龙"，主要由含氟量很高的有机聚合物构成。

　　氟元素的化学性质非常活泼，能与除稀有气体外的其他所有元素反应。氟气的制取工艺复杂，在莫瓦桑成功制取之前有许多化学家前辈们死于对氟气的研究。例如，发现了许多新元素的英国化学家戴维就因在制取氟气的实验中吸入了泄漏的氟气而丧命。

　　我们日常生活中每天都会接触到氟元素。不粘锅涂层就是一种含氟聚合物。用于预防蛀牙的牙膏中会添加少量氟，因为氟与钙的结合力很强，可以抑制牙齿中的钙元素溶解流失。含氟卤代烃也被称为"氟利昂"，可用作制冷剂，在冰箱、空调和灭火器制造等方面曾广泛使用。但是，氟利昂制剂对臭氧有强烈破坏作用，因此人们在实际使用时需要对氟利昂进行回收，这种物质现已逐步被淘汰。

小知识 氟元素的名称 Fluorine 源于 fluorite（意为"萤石"），萤石是一种含氟的矿石。法国科学家莫瓦桑使用铂铱电极，在低温条件下电解氟化氢钾和氢氟酸的混合溶液，首次成功制取并分离得到了氟单质。

◆发现：威廉·拉姆齐 & 莫里斯·特拉弗斯
（1898 年）
◆类别：稀有气体　◆原子量：20.1797
◆熔点：−249℃　◆沸点：−246℃
◆大气含量：约 0.001818%

氖
点缀都市夜景的惰性气体

⬆展示霓虹灯折射光的游乐设施，其中的橙红色光通常是由氖气发出的。在荧光管中涂上其他颜色的涂层，就能看到五颜六色的光彩。

⬅在玻璃管中封装氖气并通电，可以看到红光。

➡一个装有氖气的 120V 迷你霓虹灯。

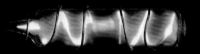

　　氖气是一种无色无味的惰性气体。大气中的惰性气体里含量最多的是氩气，其次就是氖气。

　　对装有氖气的玻璃管施加电压放电，就会看到红色光芒。为了使呈现的颜色更加多样，人们还会在管内充入氩气和汞蒸气，同时在管壁上涂荧光粉，这样一个霓虹灯就制作完成了。1910 年，法国人乔治·克劳德制作了首个霓虹灯，一经亮相便广受关注。数年后，霓虹灯广告牌就遍布巴黎街头的店铺，由此传向世界各地。

　　氖气的熔点约为 −249℃，冷却温度介于液氮和液氦之间，有时也被用作冷却剂。

小知识 威廉·拉姆齐和助手莫里斯·特拉弗斯从液化空气中去除氧气、氮气和氩气后，在残留物中发现了氖气。
氖元素的名称 Neon 源于希腊语 neos（意为"全新的"）。

专栏
C o l u m n

国际纷争的焦点之一

稀有金属和稀土争端

刚果民主共和国东部，当地儿童在武装势力控制下的矿山中开采"钶钽铁矿"。这种矿产资源在该国内的价格为一公斤 35 美元，转手在东南亚市场售价飙升至一公斤 350 美元。矿场内的居民长期受到武装势力压迫，诸如强制性劳动等。压迫行为至今仍在持续。

2000 年，风靡一时的索尼家用游戏机 PlayStation 2（下称"PS2"）横空出世。然而，该产品的上市却间接引发了位于非洲中部的刚果民主共和国［下称"刚果（金）"］的内乱，背后的故事鲜为人知。

一款游戏机在亚洲问世，导致了远在非洲大陆的纷争。这之间有什么关系呢？

事实上，PS2 机体内部使用了含有钽元素的电容器和 IC 芯片，而钽是一种主要产自刚果（金）的稀有金属。除了钽矿，刚果（金）还盛产铜矿、钴矿、金刚石和石油，是个名副其实的资源大国。钽矿主要有钽铁矿和钽铌矿两大类，被统称为"钶钽铁矿"。随着 PS2 的问世，钽元素的需求也随之走高，结果导致钽的供应量短缺，市场价格暴涨。紧接着，刚果（金）国内的政府军和反政府势力围绕着大大小小的钽矿场展开争夺，并最终演变为激烈的冲突。

像 PS2 这样的案例不在少数。现代生活中的智能手机、便携式电脑、汽车零部件和太阳能电池等高新技术产品，很多都会使用到稀有金属。顾名思义，稀有金属指的就是供应量少、流通量少，但需求量旺盛的一类金属元素。

稀有金属的稳定产出与其产地的政治状态密切相关。如果当地政局动荡，那如此暴利的采矿行业就很容易引发争抢和冲突。开采矿物获得的高额利润将充当武装组织的军费资金，进一步加剧冲突升级。刚果（金）的钽矿争端就是一个典型案例，这种

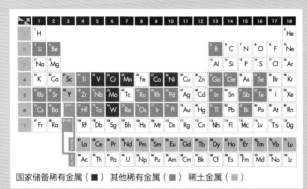

国家储备稀有金属（■） 其他稀有金属（■） 稀土金属（■）

上图为日本经济产业部门为金属资源而制定的战略计划，其中红色标注了日本政府重点关注和储备的稀有金属。由于国际需求日益增加，稀有金属资源引发了世界范围内的哄抢和竞争。国家储备是从保障经济安全的角度出发，为应对未来突发的价格暴涨和断供而准备的 60 个生产日所需的资源储备量。

根据各国政府和科研人员对稀有金属的定义，其种类和数量并不固定。钌、铑、锇、铱有时会排除在稀有金属名单之外。粉色标注的则是国际公认的 17 种稀土金属。

矿产也被称为"冲突矿产"。除了钽矿，刚果（金）境内的钨矿、锡矿和金矿也属于冲突矿产。秘鲁的铜矿、钼矿，法属新喀里多尼亚岛的镍矿，赞比亚的钴矿都属于冲突矿产。

　　如同多年前为了钻石的开采权而大打出手一样，如今围绕稀有金属的冲突成了新的世界性问题，手机和电脑产品过于频繁的更新迭代加剧了这一问题。冲突矿产不仅影响了主产地的局势，也波及了世界各地的产业链。冲突往往意味着随时可能的断供，于是对稀有金属的限制交易应运而生。因此，各国政府大力支持对废弃电子产品的回收，并希望从中提炼出稀有金属以便再利用。但是，回收工作也并非易事，如果对回收品的来源把关不严，很容易引起环保和安全性等方面的问题，可谓牵一发而动全身。

　　还有一类非常重要的稀有金属资源，即"稀土金属"，包括钪、钇和所有镧系元素，共有 17 种。稀土金属在电子产品的生产加工过程中至关重要，可以使产品更加精巧微型化，并显著提高性能。稀土金属的储量并不"稀少"，关键问题是其包含的这些元素之间化学性质过于相似，分离提纯的过程费时费力。

　　稀有金属和稀土金属的价格上涨、出口受限，将对世界范围内的产业和经济发展造成直接影响。为了确保这些资源的供应稳定，我们需要探索更加高效的回收方案和技术，拓展新的矿区或国际供应商，研究其他材料的替代方案等。

11	**Na** Sodium

1									2
3	4			5	6	7	8	9	10
11	12			13	14	15	16	17	18

(periodic table mini-grid)

◆ 发现：汉弗莱·戴维（1807 年）
◆ 类别：碱金属　◆ 原子量：22.98976928
◆ 熔点：98℃　◆ 沸点：883℃
◆ 主产地：中国、印度、美国

钠

调节味蕾的「食盐」元素

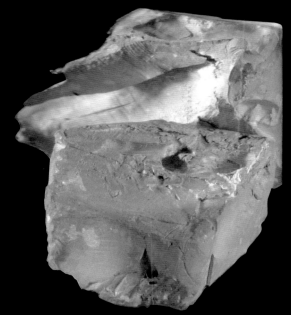

⬆ 金属钠在空气中会被迅速氧化，遇水也能剧烈反应，因此一般浸泡存储在煤油中。金属钠质地柔软，用小刀就可以轻松切开。

　　钠是一种质地柔软的银白色金属，具有活泼的化学性质。将钠块投入水中会发生爆炸。钠元素在焰色反应中呈现黄色，利用钠蒸气放电发光而制成的钠灯被广泛用于隧道和矿井等场合。

　　钠在氯气中燃烧，生成产物氯化钠，也就是食盐。地球上绝大多数钠元素都是以氯化钠的形式储存在海水和岩石中的。在提盐技术尚不发达的古罗马时代，贵重的食盐被作为军饷发放给士兵。食盐的英文"salt"与薪水一词"salary"同源，也体现了食盐在古代的重要经济价值。某些天然盐湖干涸后也会产盐，但其中往往含有较多的碳酸钠，吸水性也很好。因此，古埃及人常收集这种碳酸钠盐用作木乃伊的干燥剂。

　　含钠元素的日用品种类丰富。味精的主要成分是谷氨酸钠。碳酸氢钠主要用作洗

小知识 钠元素的符号 Na 源于拉丁语 natron（意为"泡碱"）。钠元素的名称 Sodium 源于阿拉伯语 suda（意为"头痛"），因为人们很早就知道碳酸钠或苏打水有缓解头痛的疗效。

⬆金属钠的化学性质十分活泼，丢入水中就能引起爆燃。

⬆我们身边最常见的含钠物质就是氯化钠（NaCl）了。天然状态下氯化钠能自发结晶成矿石，也称"岩盐"。上图的岩盐产自美国密歇根州。

➡碳酸氢钠可以与酸反应，医用碳酸氢钠片用于抑制胃酸过多。

⬆碱性火成岩是一种含钠元素的矿物，化学式为 $Na_4Al_3Si_3O_{12}Cl$。品相上乘的碱性火成岩又称青金石，具有宝石收藏的价值。上图的青金石产自玻利维亚。

⬆隧道内使用的钠蒸气灯，具有很长的使用寿命。

涤剂和发酵剂。硝酸钠是传统的肥料，也可用于制作炸药和染料。氢氧化钠又称苛性钠，是工业生产极为关键的基础原材料之一。苛性钠最主要的用途是制作肥皂和处理废弃污水。

钠也是神经细胞之间传递信号不可缺少的元素。体内出现神经冲动时的电信号，本质上就是体液内的钠离子沿着神经细胞的轴突流动所形成的微小电流。

金属钠处置不当可能导致严重事故。1995 年，日本福井县"文殊"号高速增殖反应堆发生钠冷却剂核泄漏事故，金属钠在高温环境下熔穿了反应炉，泄漏导致了当地的火灾和核污染。

小知识 英国化学家戴维通过电解熔融的氢氧化钠成功分离制取了金属钠。戴维一生中发现了很多新元素，包括钾、镁、钙等金属元素，它们都是通过电解法制取的。

1																	2
3	4											5	6	7	8	9	10
11	12											13	14	15	16	17	18
19	20	21	22	23	24	25	26	27	28	29	30	31	32	33	34	35	36
37	38	39	40	41	42	43	44	45	46	47	48	49	50	51	52	53	54
55	56	•	72	73	74	75	76	77	78	79	80	81	82	83	84	85	86
87	88	:	104	105	106	107	108	109	110	111	112	113	114	115	116	117	118

•	57	58	59	60	61	62	63	64	65	66	67	68	69	70	71
:	89	90	91	92	93	94	95	96	97	98	99	100	101	102	103

12

Mg
Magnesium

◆ 发现：约瑟夫·布莱克（1755 年）
◆ 类别：碱土金属　◆ 原子量：24.304~24.307
◆ 熔点：650℃　◆ 沸点：1090℃
◆ 主产地：中国、俄罗斯、土耳其

镁

构成叶绿素的核心元素

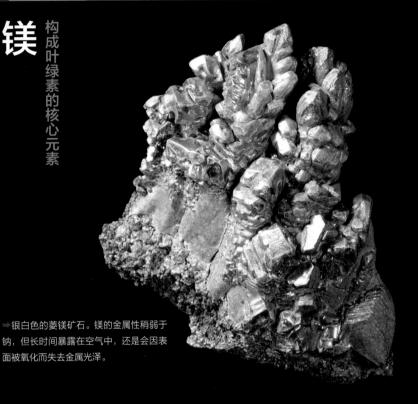

➡ 银白色的菱镁矿石。镁的金属性稍弱于钠，但长时间暴露在空气中，还是会因表面被氧化而失去金属光泽。

　　镁是一种在高温下可燃的银白色金属。老式照相机的闪光灯就利用了带状或丝状金属镁燃烧时发出的强光。镁具有很好的延展性，化学性质活泼。在地壳中，镁元素的丰度居于第八位。工业生产金属镁的原料包括苦土（氧化镁）、橄榄石（铁镁硅酸盐）、白云石（碳酸镁）等矿石，也可以通过提炼海水中游离的镁离子来制镁。

　　镁最主要的用途莫过于制造镁合金了。镁合金的热稳定性好、硬度高、质地轻巧，常用在手机、游戏机或电脑外壳上。镁合金中掺入锌元素，可以改善合金的塑性和强度，常用于制作钓具。

　　镁盐在我们日常生活中也有诸多作用。制作豆腐时用到的卤水就含有氯化镁，它

　　小知识　镁元素的名称 Magnesium 源于古希腊的一个地名：Magnesia 地区。该地区是古代重要矿区之一，出产了大量氧化镁、滑石（水合硅酸镁）和磁铁矿，因此演化成为英文里 Magnesium（镁）和 Magnet（磁铁）的词源。

←产自美国佛蒙特州的滑石，因其光滑的触感而得名，主要成分为水合硅酸镁〔$Mg_3Si_4O_{10}(OH)_2$〕。

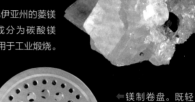

➡产自巴西巴伊亚州的菱镁矿石，主要成分为碳酸镁（$MgCO_3$），可用于工业煅烧。

↑叶绿素使得植物叶片呈现绿色，而叶绿素的分子结构中包含一个不可或缺的镁原子。

←镁制卷盘。既轻巧又有很强的刚性，但是容易被海水腐蚀而生锈，所以需要后期保养。

↑镁铝合金材质的自行车脚踏。轴心部分为铬钼钢。

↑镁制打火石，是露营必备的小工具。

可以促进蛋白质变性凝固。碳酸镁粉末是供体操运动员使用的防滑剂，也可口服用于治疗便秘。我们在评价水质时会提及"硬水"的概念，意思是水中溶解了较多的钙盐和镁盐。

在自然界中，镁元素的另一个重要作用就是参与形成叶绿素。植物通过光合作用吸收水和二氧化碳并生产碳水化合物，在此过程中，镁离子是不可缺少的核心元素。一旦植物摄取镁元素不足，就无法合成叶绿素，叶片逐渐枯黄。镁不但是植物的必需元素，也是人体的必需元素之一。食品、医药品、饲料、肥料等产品中都遍布着镁元素的身影。

小知识 第一个发现镁元素的是苏格兰人约瑟夫·布莱克，他发现生石灰和其中掺杂的苦土（氧化镁）两者性质不同，并认为苦土中有一种未知新元素。随后，汉弗莱·戴维于 1808 年用电解法成功分离制取了金属镁。

1				5	6	7	8	9	2
11	12			13	14	15	16	17	10

13

Al
Aluminium

◆ 发现：汉斯·克里斯蒂安·奥斯特（1825 年）
◆ 类别：其他金属　◆ 原子量：26.9815385
◆ 熔点：660℃　◆ 沸点：2519℃
◆ 主产地：澳大利亚、中国、巴西

铝

在氧气中耐腐蚀的金属

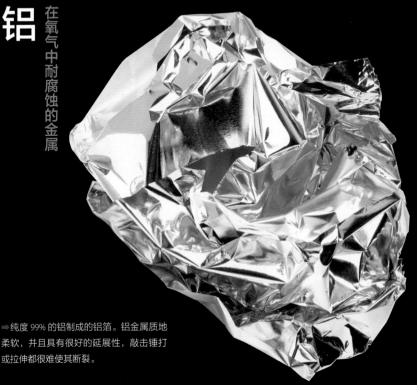

➡️ 纯度 99% 的铝制成的铝箔。铝金属质地柔软，并且具有很好的延展性，敲击锤打或拉伸都很难使其断裂。

　　铝是一种轻便易加工的银白色金属，导热性和导电性都很高，在地壳中的含量居于第三位，仅次于氧和硅。铝的用途广泛，可以铸造硬币，或制成铝罐。金属铝中掺入铜、镁、锰即得硬铝合金，其机械性能良好，强度高，而且密度小，是制作飞机材料的不二选择。

　　铝金属的另一个特点是耐腐蚀。实际上，纯铝的化学性质很活泼，容易生锈。作为地壳中丰度最高的金属元素，铝很少以单质形态出现，一般是以氧化铝等化合物的形式产出的，这也佐证了铝的高反应活性。那么，为什么很多铝制品看起来始终

小知识 铝元素的名称 Aluminium 源于一种常见的矿物——明矾（alumen）。早在两千年前，人们就开始使用明矾来染色和止血。丹麦科学家奥斯特于 1825 年最先提炼出铝，随后德国化学家弗里德里希·维勒于 1827 年改进了铝的提炼技术。

⬆铝土矿大多产自澳大利亚和中国，其中混杂了石膏等杂质矿物，但主要成分都是氧化铝。

⬆产自格陵兰岛的冰晶石，化学式为 Na_3AlF_6。在精炼铝时加入冰晶石可以促进氧化铝熔化，从而降低能耗。

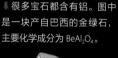

⬇很多宝石都含有铝。图中是一块产自巴西的金绿石，主要化学成分为 $BeAl_2O_4$。

⬅电脑 CPU 冷却器，主体是由具有高导热性的铝制成的热辐射板，在电脑工作时可以快速散热。

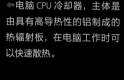

⬆1955 年匈牙利制作的一枚铝箔邮票。

➡英国伯明翰的百货商场"Selfridges"，建筑外围被一万五千枚铝圆盘覆盖，映照着伯明翰的蓝天白云。

光洁如新呢？这是由于铝被锈蚀时，会首先在铝金属表面上形成致密的氧化膜，保护内部不被氧化和腐蚀。利用这种性质，人们在工业生产时会对铝制品表面进行电化学氧化处理，在铝制品出厂前为其包覆一层氧化膜（但这种氧化膜仍可以被强酸和强碱腐蚀）。

目前，制铝工艺主要从铝土矿中精炼得到纯氧化铝，再电解得到金属铝，此方法电能能耗很高。通过回收铝罐再利用，能耗仅需电解法的 3.7%。从节约能源和资源的角度来看，铝罐回收利用有着极其重要的价值。

小知识 19 世纪中叶，维勒改良了铝的精炼技术，铝制品得以量产，并在 1855 年巴黎世博会上展出。但那时候由于精炼成本仍然很高，铝比黄金还要贵重。

14	**Si** Silicon	

1									2
3	4				5	6	7	8	9	10
11	12				13	**14**	15	16	17	18

◇ 发现：约恩斯·雅各布·贝采利乌斯（1824 年）
◇ 类别：类金属　　原子量：28.084~28.086
◇ 熔点：1414℃　　沸点：3265℃
◇ 主产地：中国、俄罗斯

硅

引领电子科技的半导体元素

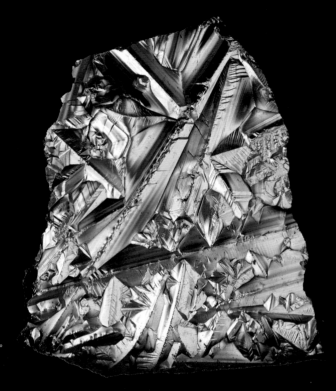

⇒ 硅晶体。

　　硅是地壳中仅次于氧的含量第二丰富的元素。含有硅元素的代表性矿物是石英，即二氧化硅（SiO_2），无色透明的石英又被称为水晶。人造水晶具有神奇的压电效应，因此水晶振荡器广泛用于石英表和计算机等。

　　硅是一种典型的半导体材料，其导电能力随着光、温度、杂质含量等条件的改变而改变。利用这一性质开发的半导体集成电路（LSI）最终形成了计算机内部的电子电路。美国加州北部地区之所以被称为"硅谷"，正是因为这里聚集了很多半导体厂

小知识 硅元素的名称 Silicon 是贝采利乌斯根据拉丁语 silex（意为"打火石"）创造出来的。

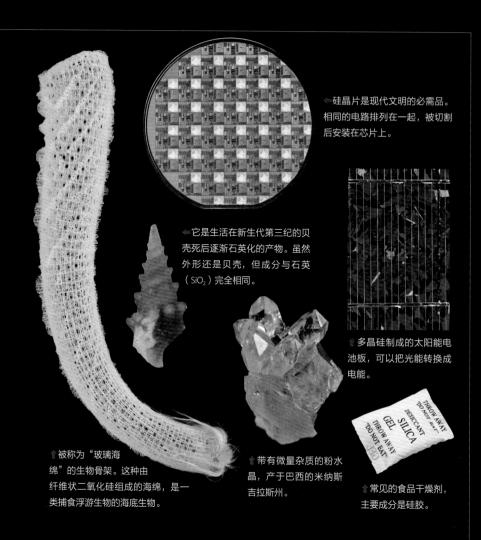

⇐ 硅晶片是现代文明的必需品。相同的电路排列在一起，被切割后安装在芯片上。

⇐ 它是生活在新生代第三纪的贝壳死后逐渐石英化的产物。虽然外形还是贝壳，但成分与石英（SiO_2）完全相同。

⇑ 多晶硅制成的太阳能电池板，可以把光能转换成电能。

⇑ 被称为"玻璃海绵"的生物骨架。这种由纤维状二氧化硅组成的海绵，是一类捕食浮游生物的海底生物。

⇑ 带有微量杂质的粉水晶，产于巴西的米纳斯吉拉斯州。

⇑ 常见的食品干燥剂，主要成分是硅胶。

商及下游产业。纯度较高的单晶硅是太阳能电池板的主要成分。除用单晶硅制成半导体以外，硅的化合物也大有作为。硅酸化合物"硅胶"是最常见的一种干燥剂。硅与碳结合形成一种被称为"有机硅"的有机聚合物。树脂状的有机硅被用作软性隐形眼镜的材料，而橡胶状的有机硅则被用于制作高耐热炊具。

　　硅是人体必需的营养元素之一，对于维持骨骼的生长是不可或缺的。硅以偏硅酸的形态被人体吸收，主要分布于骨骼、皮肤和结缔组织中。

小知识　石英和硅酸盐在史前就已为人所知，大约 4000 年前人们就开始采集石英制造玻璃。目前生产的高纯度石英玻璃具有优异的耐热性和耐蚀性，被用于制作实验仪器，如烧杯和烧瓶。

1										2
3	4					5	6	7	8	9	10
11	12					13	14	**15**	16	17	18

15

P
Phosphorus

◆ 发现：亨尼格·布兰德（1669 年）
◆ 类别：非金属　◆ 原子量：30.973761998
◆ 熔点：44℃（白磷）　◆ 沸点：281℃（白磷）
◆ 主产地：中国、墨西哥、摩洛哥

磷
颜色各异的同素异形体

⇒红磷粉末，有低毒性。将白磷加热到 260℃ 可得到红磷。

⬇氟磷灰石晶体，化学式为 $Ca_5(PO_4)_3F$，是一种通透又艳丽的宝石。

⬇德国圣尼古拉教堂供奉的一块含磷矿物，它的化学式是 $NH_4MgPO_4 \cdot 6H_2O$。有趣的是，它与人体内堆积的尿路结石有近乎相同的化学成分。

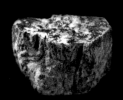

⇒火柴盒的侧面涂有红磷（发火剂）、硫化锑（易燃物）等物质，火柴头含有氯酸钾（氧化剂）、硫黄（易燃物）等物质。

　　磷是名副其实的生命元素。在人体中，磷是总含量仅次于钙的矿物质元素，在牙齿和骨骼中都含有磷酸钙。磷脂是细胞膜和血液的成分之一，磷酸参与构成遗传物质 DNA（脱氧核糖核酸）。神经中的信号传递也与磷元素有关。对植物而言，磷的充足与否直接关系到植物长势，它与氮、钾是三大肥料元素。

　　日常生活中，磷是火柴的发火剂。磷的同素异形体包括不稳定的白磷、稳定的红磷和黑磷等，火柴盒侧面涂抹的即是红磷。同素异形体是指由同种元素组成的结构形态不同的单质，它们的原子排列和结合方式不同，颜色和性质也不同。要注意的是白磷有毒，处理时要格外小心。

小知识　德国炼金术师布兰德试图通过蒸干尿液来提取黄金，却在尿液残留物中意外发现了磷。磷元素的名称 Phosphorus 源于希腊语 phosphoros（意为"发光"），因为蜡状白磷在空气中很容易自燃并散发冷光。

S
Sulfur

◆ 发现：—
◆ 类别：非金属　　◆ 原子量：32.059~32.076
◆ 熔点：120℃　　◆ 沸点：445℃
◆ 主产地：中国、美国、加拿大

硫
制作硫酸的原材料

⬆ 切洋葱时流泪是因为洋葱中的含硫挥发性有机物，例如硫化丙烯逸散到空气中，刺激眼睛黏膜。

⬅ 美丽的硫酸铜晶体（$CuSO_4$），与胆矾矿的主要成分一致。

➡ 由 99.9% 高纯度硫制成的驱鸟剂，可以保护农作物不受动物的侵害。

⬆ 产自意大利西西里岛的天然硫结晶，是一种在岩体空隙中生长的自然元素矿物。

　　说起硫元素，大家可能会想到温泉地或火山口的臭味，但纯净的硫其实是无味的黄色晶体，又称硫黄。那种独特的臭味其实是硫化氢的味道。火山口往往附着着黄色的硫黄晶体。在工业上，硫黄是炼油工程的副产品之一。

　　硫的化合物中，硫化氢和二氧化硫都是毒性很强的气体。将硫掺入天然橡胶中，硫将橡胶分子连接在一起，从而提高橡胶的弹性，这就是汽车轮胎的制作原理。目前，硫最重要的工业用途是制作硫酸。另外，在生命体中，有一小部分氨基酸分子也含有硫元素。

小知识　硫黄在自然界中能够稳定存在，所以史前时代就已为人所知。顺便一提，臭鼬为了防身会喷射刺激性的硫化合物，在深海则有一种长着硫化铁鳞甲的海螺——鳞足螺。

1																	2
3	4											5	6	7	8	9	10
11	12											13	14	15	16	17	18
19	20	21	22	23	24	25	26	27	28	29	30	31	32	33	34	35	36
37	38	39	40	41	42	43	44	45	46	47	48	49	50	51	52	53	54
55	56		72	73	74	75	76	77	78	79	80	81	82	83	84	85	86
87	88		104	105	106	107	108	109	110	111	112	113	114	115	116	117	118

	57	58	59	60	61	62	63	64	65	66	67	68	69	70	71
	89	90	91	92	93	94	95	96	97	98	99	100	101	102	103

17

Cl
Chlorine

◈ 发现：卡尔·威廉·舍勒（1774 年）
◈ 类别：卤素、气体
◈ 原子量：35.446~35.457
◈ 熔点：−102℃　◈ 沸点：−34℃
◈ 主产地：中国、美国、印度

氯

构成食盐和盐酸的元素

⇨ 通过加压和冷却氯气而产生的黄色液态氯。

⇧ 氯化钙（CaCl$_2$）被用作除湿剂和融雪剂。在冰上撒上氯化钙后，水的凝固点（即结冰温度）会变低。

⇧ 产自中国的磷氯铅矿，化学式为 Pb$_5$(PO$_4$)$_3$Cl。

⇦ 次氯酸类的漂白剂。与酸性物质混合后会产生有毒的氯气，使用时要注意。

　　氯是一种化学性质很活泼的非金属元素，在自然界中以氯化钠等化合物的形式存在。氯单质，即氯气，是一种带有刺激性气味的有毒气体。作为历史上首次亮相的化学武器，氯气在第一次世界大战时被德军投入战场，夺走了数千名法国士兵的性命。在日常生活中，如果将次氯酸类的漂白剂和酸性物质混合，就会产生危险的氯气。如果焚烧聚氯乙烯塑料（PVC），就会产生有毒的氯化合物——二噁英。

　　凭借强大的杀菌能力和氧化作用，氯元素常见于漂白剂和游泳池水的消毒剂中，自来水中也含有微量的消毒用氯。它也是人体的必需元素，是细胞液、胃酸等体液中不可缺少的组成部分。

小知识 舍勒发现在软锰矿上泼洒盐酸会释放出一种黄绿色的气体，由此发现了氯。氯元素的名称 Chlorine 源于希腊语 chloros（意为"黄绿色"），显然得名于它的颜色。

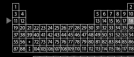

◇ 发现：约翰·斯特拉特＆威廉·拉姆齐
　（1894 年）
◆ 类别：稀有气体　　◆ 原子量：39.948
◆ 熔点：−189℃　　◆ 沸点：−186℃
◆ 大气含量：0.938 %

氩

荧光灯中的惰性气体

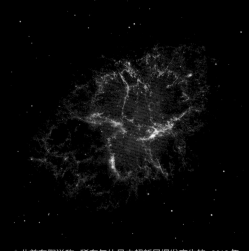

⬆ 此前有假说称，稀有气体是由超新星爆发产生的。2013 年，科学家通过太空望远镜在蟹状星云中发现了氩氢分子，由此证明了上述猜想。

➡ 用来防止葡萄酒氧化的氩气瓶。

⬆ 填充有氩气的荧光灯，通电后发射蓝紫色光。

　　氩气是地球上含量最多的稀有气体，在大气中体积占比为 0.938 %。氩气无色、无味、透明，从液化空气中分离制取。氩气的化学性质很不活泼，很难与其他原子结合，因此在焊接金属时也被用作抗氧化的保护气体。

　　氩气最常见的用途是作为荧光灯的填充气体。荧光灯中封装了氩气和汞蒸气。当电流通过时，飞出的电子撞击汞原子，产生紫外线；紫外线再撞击灯管壁的荧光涂层，最终得以发光。此时，由于密封了惰性的氩气，荧光灯管内可以保持稳定的放电。

小知识　约翰·斯特拉特（瑞利男爵）和威廉·拉姆齐利用光谱仪分析大气中提取的氮气时注意到一些反常的信号，最终发现了氩气，这也是元素周期表第 18 族（稀有气体）的元素第一次向世人"展现容貌"。氩元素的名称 Argon 源于希腊语 argon（意为"懒惰"），得名于其化学性质的不活泼。

专栏
Column

人体的必需元素

矿物质元素是有害还是有益的？

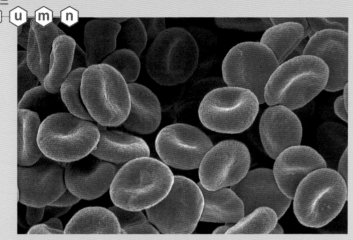

电子显微镜下拍摄到的人体红细胞的照片。红细胞有携带和运输氧气的作用，其中氧分子与细胞内的血红蛋白结合。具体来讲，是血红蛋白分子中的铁原子与氧气结合，从而高效地携带和运输氧气。

古代哲学中有这样一种观点：人的身体是宇宙的缩影。相对于外部这个大宇宙，人体其实也是小宇宙，因为我们的身体中含有地球上存在的大部分元素。

有趣的是，构成人体、地壳、海水的元素组成十分相似。虽然对生命体而言不可缺少的碳、氮、磷在海水中的含量并不高，但氢、氧、钙、硫、钠、钾、氯、镁在人体和海水中都是主要成分。这是支持"生命在海水中诞生和进化"这一说法的有力证据。人体的化学组成忠实地记录下了地球生命的变迁和进化史。

上述 11 种元素约占人体总质量的 99.8%，因此被称为必需的常量元素。但仅有上述元素并不能维持人体健康。剩余 0.2% 的微量元素和超微量元素对维持生命机能起着至关重要的作用。

铁、锌、锰、铜、碘、硒、铬、钼、钴等 9 种元素被认为是人体发育和维持正常生理功能所必需的微量元素。微量元素在人体内得到妥善的调节以保持各自平衡，帮助代谢机能和生理机能正常运转。但是，如果特定的元素缺乏或过剩，就会发生各种

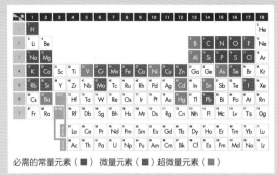

必需的常量元素（■） 微量元素（■）超微量元素（■）

人体内必需的常量元素的质量占比（%）	
氧（O）	61.0
碳（C）	23.0
氢（H）	10.0
氮（N）	2.6
钙（Ca）	1.4
磷（P）	1.1
硫（S）	0.2
钾（K）	0.2
钠（Na）	0.14
氯（Cl）	0.12
镁（Mg）	0.027

人体的主要必需元素。虽然各研究机构给出的数值不尽相同，我们仍能大致按顺序列举出一个体重 70 千克的成年人体内的元素含量：氧（43 千克）、碳（16 千克）、氢（7 千克）、氮（1.8 千克）、钙（980 克）、磷（770 克）、硫（140 克）、钾（140 克）、钠（98克）、氯（84 克）、镁（19 克）。氧、碳、氢三者占据了人体总质量的 90% 以上。除了这张表所突出展示的元素之外，还有像溴这样的超微量元素正在受到新的关注。

各样的功能障碍。比如，缺铁会导致贫血。

　　在必需常量元素和必需微量元素中，除氢、碳、氮、氧外的其他所有元素在营养学上被称为矿物质（又称为无机盐）。矿物质具有各自不同的元素特性，是各种医药品和营养品的主要成分。

　　在东亚地区，由于调味料的过分使用，人们摄取了过多的盐分，而过量摄取钠元素正是诱发高血压的主要原因。相反，钙的摄入量长期不足导致该地区的骨质疏松症频发。

　　另外，人们所必需的矿物质元素中还含有汞、铅、硒等有毒元素。当它们在体内超过一定含量时，人体就会把多余的那部分排出，但如果摄取速度超过代谢速度，人体来不及排出，这些元素就会对人体造成危害。因此，虽然矿物质对身体很重要，但均衡适量的摄取更加重要。

	1								2
3	4			5	6	7	8	9	10
11	12			13	14	15	16	17	18
19	20	21 22 23 24 25 26 27 28 29 30		31	32	33	34	35	36
37	38	39 40 41 42 43 44 45 46 47 48		49	50	51	52	53	54
55	56	* 72 73 74 75 76 77 78 79 80		81	82	83	84	85	86
87	88	: 104 105 106 107 108 109 110 111 112		113	114	115	116	117	118

19

K
Potassium

* 57 58 59 60 61 62 63 64 65 66 67 68 69 70 71
: 89 90 91 92 93 94 95 96 97 98 99 100 101 102 103

◆发现：汉弗莱·戴维（1807 年）
◆类别：碱金属　◆原子量：39.0983
◆熔点：64℃　◆沸点：759℃
◆主产地：加拿大、俄罗斯、白俄罗斯

钾
农业肥料中的必需元素

➡金属钾一旦切开表面就会被氧化成蓝色。因为它很容易与空气和水反应，所以需要储存在煤油中。

　　钾是一种质地柔软的银白色金属，用小刀就可以将其切开。钾化学性质活泼，遇水即燃。

　　钾在自然界中只能以化合物的形式存在，如氯化钾、硝酸钾、氢氧化钾等。其中氯化钾和硝酸钾可用于制造肥料。氢氧化钾可用于制造沐浴露和管道疏通剂，还可用于生产镍镉电池。碳酸钾主要用于制造光学玻璃和荧光灯。

　　钾和氮、磷一样，是植物不可缺少的营养元素。全球每年生产的钾肥占所有钾化学产品的 95%。钾也是人体必需的常量元素，约占我们体重的 0.2%。钾离子和钠

小知识　钾元素的名称 Potassium 源于英语 potash（意为"草木灰"），是发现者戴维为其命名的。元素符号 K 则源于拉丁语 kalium（意为"碱"）。

⇞在含钾的长石类矿物中，歪长石〔(K, Na)AlSi₃O₈〕常被加工成珠宝饰品。

⇐金属钾在水中会发生激烈的化学反应，产生的热量足以点燃反应生成的氢气冒出紫红色的火焰。所以，处理钾单质十分棘手，钾的化合物则安全许多。

⇐香蕉、鳄梨、甜瓜中含有丰富的钾元素。

⇐产自奥地利的花岗石。花岗石的主要成分是钾长石（KAlSi₃O₈），一种富含钾元素的矿物。

⇐产自美国科罗拉多州的微斜长石。微斜长石与钾长石的化学式相同。由于含有微量铅而变成了蓝绿色，也被称为亚马孙石，有时可用于制作装饰品。

⇐农业肥料的三大元素是磷（P）、氮（N）和钾（K）。氯化钾和硫酸钾是常用的钾肥。

离子共同在神经信号传递中起着重要作用，并负责维持细胞内的渗透压。钾不足被称为"低钾血症"，表现为肌力下降、肠胃闭塞、心电图异常、神经反射功能衰弱等症状。

自然界中的钾元素几乎都是钾-39 和钾-41，但也有万分之一的钾-40。钾-40 是钾的放射性同位素，其半衰期约为 12 亿年。在岩石中富集了很多放射性的钾元素，人类通过进食矿盐会受到这种钾的内部辐照，但细胞的自我修复能力允许我们适量摄取放射性的钾-40。

小知识 钾石盐是氯化钾（KCl）的天然矿石，主要产于加拿大。那里有世界上最大的钾矿矿床，产出的氯化钾可直接作为肥料使用。

20 Ca

Calcium

◆ 发现：汉弗莱·戴维（1808 年）
◆ 类别：碱土金属　◆ 原子量：40.078
◆ 熔点：842℃　◆ 沸点：1484℃
◆ 主产地：中国、美国、印度

钙

构成人体骨骼的基本元素

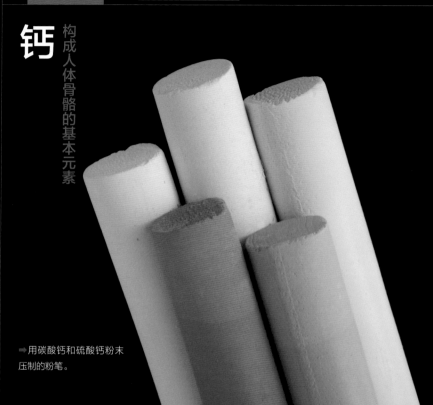

➡ 用碳酸钙和硫酸钙粉末
压制的粉笔。

　　钙是人体的必需元素，也是人体内含量最多的金属元素。成年男性体内的钙元素
约占 1 千克，其中 99% 是以磷酸钙和碳酸钙等含钙化合物的形式存在于骨骼和牙齿中，
剩下 1% 存在于血液和细胞中。这些游离的钙元素在细胞分裂、荷尔蒙分泌、肌肉收缩、
神经信号传递、血液凝固等场合发挥着重要作用。

　　奶制品（如牛奶和奶酪）、鱼类、贝类以及黄绿色蔬菜都富含钙元素。不过，成
年人的钙吸收率较低，仅为 30%。由于缺钙会导致骨质疏松，所以请保持均衡饮食并
适当补充可以提高钙吸收率的维生素 D。此外，为了防止骨骼中的钙元素溶解流失，

　小知识　古人从石灰岩和方解石矿中获取石灰。钙元素的名称 Calcium 源于拉丁语 calx（意为"石灰"）。戴维
首次通过熔融电解法成功分离出金属钙。

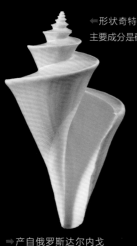

◀形状奇特的贝壳，主要成分是碳酸钙。

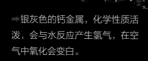

➡银灰色的钙金属，化学性质活泼，会与水反应产生氢气，在空气中氧化会变白。

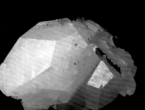

➡产自俄罗斯达尔内戈尔斯克小镇的方解石，是一种由碳酸钙（$CaCO_3$）组成的矿物。在钟乳洞中发现的石笋也具有相同的化学成分。

⬆产自摩洛哥的石膏，是一种由二水合硫酸钙组成的矿物，有"沙漠玫瑰"的美誉。

➡壁虎头骨。生物体的骨骼主要由磷酸钙组成。

◀氧化钙是高效的干燥剂，可用于相机设备的防潮和防霉。

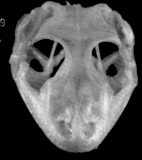

我们还需要保持适量运动，尤其是老年人。

　　钙是地壳中第五丰富的元素。地球上的钙元素以化合物的形式存在于石灰岩、大理岩等矿石中。其中碳酸钙是石灰岩、珊瑚、贝壳的主体成分，石灰岩正是海洋生物的遗骸堆积而成的。

　　日常生产生活中，从石灰岩中分离出的碳酸钙可用于制造水泥、土壤改良剂、玻璃原料、研磨剂等，氧化钙可用作干燥剂。

小知识　氧化钙（CaO）又被称为生石灰。在电灯发明之前，19世纪的剧场舞台照明主要依赖于燃烧生石灰发光的"石灰灯"。

21

Sc

Scandium

1																	2
3	4											5	6	7	8	9	10
11	12											13	14	15	16	17	18
19	20	21	22	23	24	25	26	27	28	29	30	31	32	33	34	35	36
37	38	39	40	41	42	43	44	45	46	47	48	49	50	51	52	53	54
55	56		72	73	74	75	76	77	78	79	80	81	82	83	84	85	86
87	88		104	105	106	107	108	109	110	111	112	113	114	115	116	117	118

| 57 | 58 | 59 | 60 | 61 | 62 | 63 | 64 | 65 | 66 | 67 | 68 | 69 | 70 | 71 |
| 89 | 90 | 91 | 92 | 93 | 94 | 95 | 96 | 97 | 98 | 99 | 100 | 101 | 102 | 103 |

◆发现：拉尔斯・F. 尼尔森（1879 年）
◆类别：过渡金属　◆原子量：44.955908
◆熔点：1541℃　◆沸点：2836℃
◆主产地：—

钪

第一位稀土元素

⬇一种填充有碘化钪的金属卤化物灯，灯光近乎为日光色。

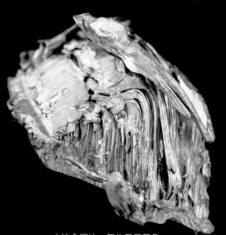

⬆钪金属块，氧化后呈黄色。

⬆由钪合金制成的自行车把立。其强度高且重量轻，是同类产品中的高档品。

　　周期表的第 3 族内，钪、钇、镧系元素、锕系元素的化学性质相似，就好似是一个模子刻出来的。由于它们彼此间很难分离，储量也相对较少，所以被称为稀土元素。钪大多存在于钪钇石和黑稀金矿等稀有矿物中。

　　钪铝合金具有比铝更高的熔点和强度，常用于制造自行车配件、金属棒球棒、长曲棍球棒等。含有碘化钪的金属卤化物灯具有长寿命、高显色度、高能效的特点，被用于体育比赛设施等的夜间照明。

小知识　瑞典化学家尼尔森偶然发现了矿物杂质中的钪，钪元素混杂在铝土和镱土中。钪元素的名称 Scandium 得名于尼尔森的故乡——斯堪的纳维亚半岛（Scandinavia）。

22

Ti
Titanium

1																	2
3	4											5	6	7	8	9	10
11	12											13	14	15	16	17	18
19	20	21	**22**	23	24	25	26	27	28	29	30	31	32	33	34	35	36
37	38	39	40	41	42	43	44	45	46	47	48	49	50	51	52	53	54
55	56		72	73	74	75	76	77	78	79	80	81	82	83	84	85	86
87	88		104	105	106	107	108	109	110	111	112	113	114	115	116	117	118

| | 57 | 58 | 59 | 60 | 61 | 62 | 63 | 64 | 65 | 66 | 67 | 68 | 69 | 70 | 71 |
| | 89 | 90 | 91 | 92 | 93 | 94 | 95 | 96 | 97 | 98 | 99 | 100 | 101 | 102 | 103 |

◆ 发现：威廉·格雷戈尔（1791 年）

◆ 类别：过渡金属　◆ 原子量：47.867

◆ 熔点：1668℃　◆ 沸点：3287℃

◆ 主产地：中国、澳大利亚

钛

高强度、耐腐蚀和耐热的金属元素

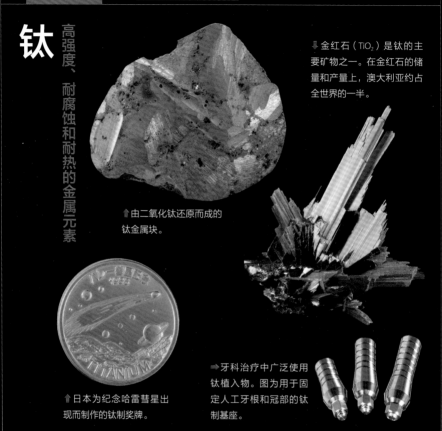

⬇ 金红石（TiO_2）是钛的主要矿物之一。在金红石的储量和产量上，澳大利亚约占全世界的一半。

⬆ 由二氧化钛还原而成的钛金属块。

⬆ 日本为纪念哈雷彗星出现而制作的钛制奖牌。

➡ 牙科治疗中广泛使用钛植入物。图为用于固定人工牙根和冠部的钛制基座。

　　钛是地壳中含量第 10 多的元素，主要存在形式为金红石和钛铁矿，最常见的化合物是二氧化钛。钛的储量很大，但是难以精炼，因此钛金属的价格始终很贵。钛的强度极高，耐热性、耐蚀性也十分出色，在飞机、建材、机械工具中不可缺少。

　　日常生活中，钛主要存在于高尔夫球杆、电脑外壳和白色颜料之中。钛接触到人体后不会引发严重的金属过敏，又有阻隔紫外线的作用，因此钛也常见于防晒霜中。

小知识　钛元素的名称 Titanium 源于希腊神话中的泰坦巨人（Titan）。格雷戈尔首次从钛铁矿中发现了钛。数年后德国化学家马丁·克拉普罗特在分析金红石时发现了二氧化钛，并命名了其中存在的新元素。

1						2
3 4		5 6 7 8 9 10
11 12		13 14 15 16 17 18

23

V
Vanadium

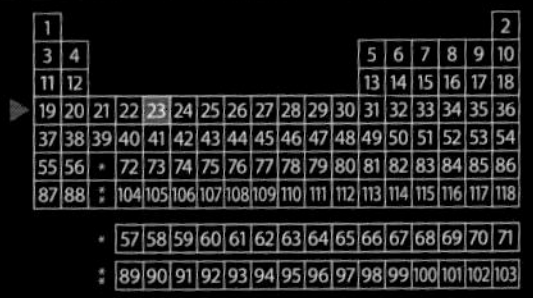

◆ 发现：安德烈·德尔里奥（1801 年）
◆ 类别：过渡金属　◆ 原子量：50.9415
◆ 熔点：1910℃　◆ 沸点：3407℃
◆ 主产地：中国、南非、俄罗斯

钒
增加钢强度的稀有金属元素

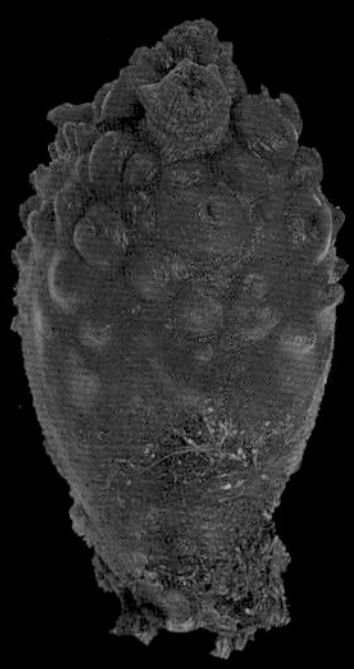

←某些海鞘具有含钒的血红蛋白。

⬇银白色的钒金属。

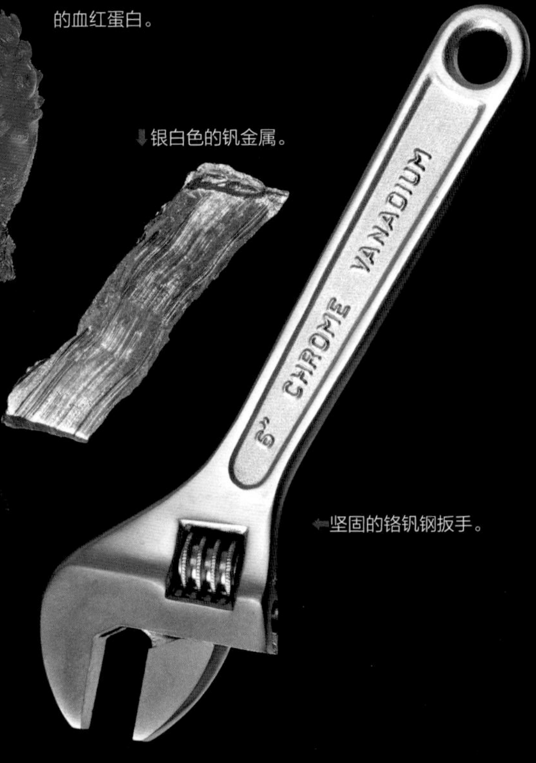

←坚固的铬钒钢扳手。

⬆产自摩洛哥米布拉登的钒铅矿，化学式为 $Pb_5(VO_4)_3Cl$。这也是钒矿的最主要形式。

钒是一种柔软的银白色金属，耐蚀性、耐磨损性都很优异。钒主要用作炼钢添加剂。在钢中掺钒后强度会大大增加，可用于制造轴承和弹簧等，又被称为钒钢。铬钒钢还常用于制造电钻刀片、螺丝刀、扳手等机械工具。

钒是人体的必需元素，但其含量微乎其微，一个成年男性体内的钒总共不到 1 毫克。钒在人体新陈代谢、牙齿发育中起到重要作用。它具有良好的类胰岛素作用，能降低体内血糖含量。

小知识 西班牙矿物学家安德烈·德尔里奥于 1801 年在钒铅矿中发现了一种新元素，但在当时没有得到认可。1830 年，瑞典化学家尼尔斯·加布里埃尔·塞夫斯特瑞姆重新发现了该元素，并以北欧神话中女神弗蕾亚的别名凡娜迪丝（Vanadis）将其命名为 Vanadium。

Cr

Chromium

◈发现：路易·尼古拉·沃克兰（1797 年）
◈类别：过渡金属　◈原子量：51.9961
◈熔点：1907℃　◈沸点：2671℃
◈主产地：哈萨克斯坦、南非、印度

铬

色彩缤纷的高耐性金属元素

⬇纯度 99.1% 的铬金属块，
散发出耀眼的银白色光泽。

⬅氧化铬粉末（Cr_2O_3），可用
于制作绿色颜料。

⬆无线电控制用的镀铬车轮。镀铬
工艺在汽车产业中被广泛应用。

⬆产自澳大利亚塔斯马尼亚岛的红铅矿（铬铅矿）
结晶，主要成分为铬酸铅（$PbCrO_4$）。它的艺术观
赏价值远大于工业生产价值。

　　铬是一种质地非常坚硬、耐蚀性强的金属。很多器具表面都有一层闪亮的铬镀层。
铬钒合金常用于制作机械工具。不锈钢中所含的铬会与空气中的氧气和水反应，并在
不锈钢表面上形成一层氧化膜。多亏了这层氧化膜，不锈钢内部才不会被继续腐蚀。
　　作为涂料和特殊电镀试剂使用的六价铬化合物具有很强的毒性，化工厂周边土壤
和地下水的铬污染已成为社会问题，目前大多工厂限制了铬废水的排放。另外，豆类
中含有大量三价铬，有助于人体内的糖分代谢。人体缺乏三价铬则容易引发糖尿病。

小知识 法国化学家沃克兰于 1797 年从产自西伯利亚的红铅矿中发现了铬元素。铬元素的名称 Chromium 源于希
腊语 chroma（意为"颜色"），因为铬的氧化物显示出多种颜色。工业上主要从铬铁矿（$FeCr_2O_4$）中提炼铬金属。

1														2			
3	4									5	6	7	8	9	10		
11	12									13	14	15	16	17	18		
19	20	21	22	23	24	25	26	27	28	29	30	31	32	33	34	35	36
37	38	39	40	41	42	43	44	45	46	47	48	49	50	51	52	53	54
55	56	·	72	73	74	75	76	77	78	79	80	81	82	83	84	85	86
87	88	‥	104	105	106	107	108	109	110	111	112	113	114	115	116	117	118

| · | 57 | 58 | 59 | 60 | 61 | 62 | 63 | 64 | 65 | 66 | 67 | 68 | 69 | 70 | 71 |
| ‥ | 89 | 90 | 91 | 92 | 93 | 94 | 95 | 96 | 97 | 98 | 99 | 100 | 101 | 102 | 103 |

25 **Mn** Manganese

◆ 发现：卡尔·舍勒／约翰·甘恩（1774 年）
◆ 类别：过渡金属　◆ 原子量：54.938044
◆ 熔点：1246℃　◆ 沸点：2061℃
◆ 主产地：中国、南美洲、澳大利亚

锰
用于炼铁和制作电池的元素

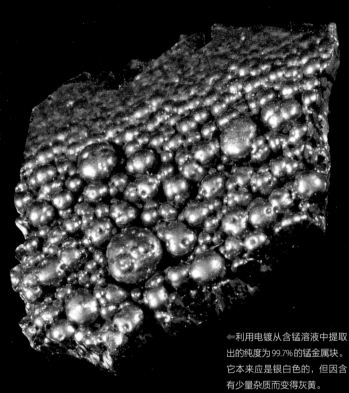

◀利用电镀从含锰溶液中提取出的纯度为 99.7% 的锰金属块。它本来应是银白色的，但因含有少量杂质而变得灰黄。

　　干电池（锌锰电池）是生活中常用的电池种类之一，这也是锰元素最重要的用途。在传统的干电池和容量更大的碱性电池中，二氧化锰位于电池正极（阴极）起着接受电子的作用。锰本身是银白色金属，比铁更坚硬，但质地很脆弱。

　　在过渡金属中，锰在地壳中的含量位居第三。在深海底部可以看到由锰、铁、镍等混合形成锰结核。除此之外，锰的提炼都是以锰矿石作为原料的。

　　锰合金拉伸后可用于制造铁路铁轨和电线，表现出优异的抗冲击能力。锰的另一

小知识 锰元素最初被称为"镁"，因为最初发现锰的软锰矿被称为"黑镁"，后来为了与第 12 号元素区分而改名为"锰"。

←产自印度德干高原的石英。在这颗石英中，二氧化锰嵌入并生长成树枝状结晶，也被称为"忍者石"。

↑锰钢剃须刀。在钢材中掺入 10% 左右的锰，材质更加坚韧耐磨。

→锰结核是海底锰矿床开发的核心目标。锰结核以小岩石等为核心，经过长时间磨合和沉积，吸收了大量的锰、镍、钴等金属元素。

←产自秘鲁乌丘查库矿区的菱锰矿（$MnCO_3$），是一种美丽的矿物结晶，因二价锰离子而显红色。

↑产自美国亚利桑那州的软锰矿（MnO_2），是锰矿石的主要形式之一。

→一块名为"印加玫瑰"的宝石，本质是具有渐变色彩的菱锰矿石。

大用途是在炼铁中使用锰和铁的合金（锰铁）作为脱氧剂和脱硫剂。

作为人体必需的元素，锰主要负责骨骼的形成和修复、血液凝固等。富含锰的食物有鸡蛋、坚果、橄榄油等。如果人体锰摄入不足，就会导致生长异常、糖尿病、生殖能力下降等。但是，如果人体摄取过量的锰，又容易引发头痛、关节痛、神经错乱、平衡感障碍、抑郁症等疾病。

26	Fe
	Iron

1																	2
3	4											5	6	7	8	9	10
11	12											13	14	15	16	17	18
19	20	21	22	23	24	25	26	27	28	29	30	31	32	33	34	35	36
37	38	39	40	41	42	43	44	45	46	47	48	49	50	51	52	53	54
55	56	*	72	73	74	75	76	77	78	79	80	81	82	83	84	85	86
87	88	:	104	105	106	107	108	109	110	111	112	113	114	115	116	117	118

| * | 57 | 58 | 59 | 60 | 61 | 62 | 63 | 64 | 65 | 66 | 67 | 68 | 69 | 70 | 71 |
| : | 89 | 90 | 91 | 92 | 93 | 94 | 95 | 96 | 97 | 98 | 99 | 100 | 101 | 102 | 103 |

◆ 发现：—
◆ 类别：过渡金属　◆ 原子量：55.845
◆ 熔点：1538℃　◆ 沸点：2861℃
◆ 主产地：中国、澳大利亚等

铁

人体和文明都需要的重要元素

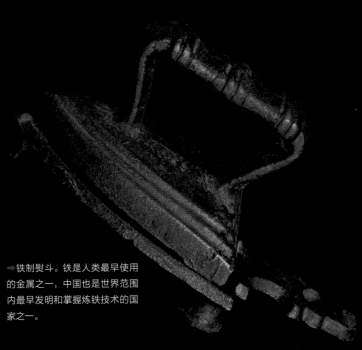

⇒铁制熨斗。铁是人类最早使用的金属之一，中国也是世界范围内最早发明和掌握炼铁技术的国家之一。

从质量的角度来看，铁是地球上占比最多的元素。地核主要由熔化的铁组成。铁是在恒星内部通过核聚变产生的最后一种元素，在类地行星中大量存在。另外，少量铁元素是随着陨石降落而融入地球的。

据史料记载，人类第一次冶炼出金属铁发生在距今约 4000 年前的赫梯帝国（今土耳其），那里也是铁储量十分丰富的矿区之一。赫梯人通过混合铁矿石和碳粉，炼制出强韧的生铁和钢，并进一步应用到兵器、战车等军工领域。

目前，铁制品占全球金属冶炼业产量的 95%。人们大量使用铁的原因主要有以下两点：铁与其他金属相比，强度更高，加工难度比较小；冶炼原料铁矿石的储量丰

小知识 铁元素的名称 Iron 源于希腊语 ieros（意为"强大"），元素符号 Fe 源于拉丁语 ferrum（意为"铁"）。早在大约 4500 年前古埃及建造的大金字塔（胡夫金字塔）内就发现了陨铁制的锤子。

◀一枚陈旧的铁制货币。由于铁很容易腐蚀生锈，因此并不适用于铸币。古代钱币除铁币之外，更常见的是铜币。

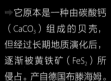

➡它原本是一种由碳酸钙（$CaCO_3$）组成的贝壳，但经过长期地质演化后，逐渐被黄铁矿（FeS_2）所侵占。产自德国布滕海姆。

➡产自摩洛哥阿特拉斯山的赤铁矿（Fe_2O_3），是与黄铁矿齐名的重要铁矿石。

◀一枚意大利发行的邮票，在墨水中掺有铁粉。这是 2010 年为纪念钢铁业发展 100 周年而制作的。

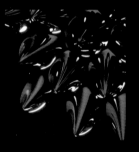

➡20 世纪 60 年代由 NASA 开发出的"铁磁流体"。虽然是流动状态的，但因混合了铁微粒而带有磁性。当靠近磁铁时，就会变成图中的尖峰状。

⬆1993 年在澳大利亚昆士兰州牧场发现的陨铁（铁陨石的主要成分）切片。陨铁主要由铁和镍的合金组成。

富，价格低廉。自然界中的铁主要是以赤铁矿和磁铁矿的形式出现的，去除掉铁矿石中的杂质即得粗制铁。根据熔炼方法，产物中碳含量大于 2%，则叫作生铁，碳含量在 0.04%~1.7% 的被称为钢。

　　铁也是人体必需元素，主要存在于血液中的血红蛋白内。血红蛋白的核心结构中有一个铁原子，用于和氧分子连接。由此，血红蛋白才可以进行氧的运输和储存。换句话说，血液中的铁含量不足即意味着贫血和后续可能导致的缺氧。

小知识 单质铁是银灰色的，容易被氧化，但我们可以在其中加入其他元素来制造各种性能优良的合金钢材。例如，不锈钢就是在铁中加入占总质量 10.5% 以上铬的合金钢，具有耐蚀性强的特点。

1																	2
3	4									5	6	7	8	9	10
11	12									13	14	15	16	17	18
19	20	21	22	23	24	25	26	27	28	29	30	31	32	33	34	35	36
37	38	39	40	41	42	43	44	45	46	47	48	49	50	51	52	53	54
55	56	·	72	73	74	75	76	77	78	79	80	81	82	83	84	85	86
87	88	·	104	105	106	107	108	109	110	111	112	113	114	115	116	117	118

·	57	58	59	60	61	62	63	64	65	66	67	68	69	70	71
·	89	90	91	92	93	94	95	96	97	98	99	100	101	102	103

27

Co
Cobalt

◆发现：格·布兰特（1735 年）
◆类别：过渡金属　◆原子量：58.933194
◆熔点：1538℃　◆沸点：2927℃
◆主产地：刚果（金）、澳大利亚

钴
蓝色颜料的核心元素

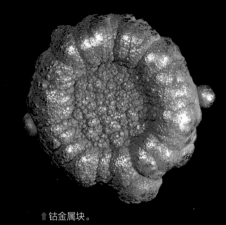

⬆钴金属块。

⬅钴钢切削钻头。

⬅镍黄铁矿是钴
的主要矿藏形
式，化学式为
$(Co, Fe, Ni)_9S_8$。

⬆使用氧化钴作为着色
剂的钴玻璃药瓶。

　　钴是一种性质稳定的银白色金属，自然界中几乎不存在钴单质。钴主要是在精炼铜和镍时作为副产物而获得的。另外，含有钴元素的矿石从 4000 多年前开始就被用于制作染料，将玻璃和陶瓷着色成鲜艳的蓝色（钴蓝），这比其作为一个新元素而被发现的时间要早得多。

　　钴具有铁磁性，所以也被用作磁铁的原料。另外，钴与镍、铬、钼等组合而成的合金在高温环境下能保持很好的强度，因此可用于制造鼓风炉、石油化工装置、飞机等。

　　人体内的钴元素参与合成维生素 B_{12}，它对于红细胞的生成是不可或缺的组分。

小知识　钴元素的名称 Coblat 源于德语 kobalt（意为"恶魔"），在冶炼钴的过程中常发生中毒事故，当时的人们认为是恶魔作祟。1735 年，布兰特从蓝色的辉钴矿中成功分离出了钴金属。

◆ 发现：阿克塞尔·克隆斯泰特（1751 年）
◆ 类别：过渡金属　◆ 原子量：58.6934
◆ 熔点：1455℃　◆ 沸点：2913℃
◆ 主产地：俄罗斯、印度尼西亚、澳大利亚

镍

广泛用于电池的金属元素

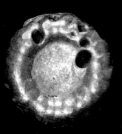

⬆ 纯度为 99.99% 的镍金属块。

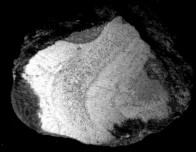

⬆ 产自日本兵库县的红砷镍矿（NiAs）。虽然外观很像铜矿石，但从中并不能提炼出铜，所以这种矿石又被称为"恶魔铜"。

⬅ 在白云石矿洞中形成的针镍矿（NiS）。产于美国密苏里州。

➡ 面值五美分的美元硬币，由镍铜合金（即白铜）铸造而成，被笼统称为"镍币"。日本的 50 日元和 100 日元硬币也是用白铜制成的。中国民国时期也发行过镍币。

　　镍是一种质地坚硬，常温下化学性质稳定的银白色金属。金属镍具有延展性，易于加工，耐蚀性强，主要从镍黄铁矿中提炼获得。铁、镍和铬的合金被称为不锈钢，铜和镍的合金被称为白铜，这两者的市场需求都很高。在医疗领域，铁镍合金被用于核磁共振成像装置（MRI）的磁屏蔽。可反复充电的镍氢电池内部也使用了镍化合物。

　　人体接触镍是金属过敏的首要原因，这可能是由于不耐酸的镍金属被皮肤分泌的汗液溶解并渗透进人体（汗液中的氯离子可以腐蚀镍）。

小知识　镍元素是克隆斯泰特从红砷镍矿中首次提取并发现的，其名称 Nickel 源于德国矿工神话中的恶魔"老尼克"（Nickle）。当时，红砷镍矿也被称为"恶魔铜"。

1																	2
3	4											5	6	7	8	9	10
11	12											13	14	15	16	17	18
19	20	21	22	23	24	25	26	27	28	**29**	30	31	32	33	34	35	36
37	38	39	40	41	42	43	44	45	46	47	48	49	50	51	52	53	54
55	56	*	72	73	74	75	76	77	78	79	80	81	82	83	84	85	86
87	88	∷	104	105	106	107	108	109	110	111	112	113	114	115	116	117	118

*	57	58	59	60	61	62	63	64	65	66	67	68	69	70	71
∷	89	90	91	92	93	94	95	96	97	98	99	100	101	102	103

29 Cu Copper

- ◆ 发现：—
- ◆ 类别：过渡金属　◆ 原子量：63.546
- ◆ 熔点：1085℃　◆ 沸点：2562℃
- ◆ 主产地：智利、秘鲁、美国

铜

与人类文明史相伴至今的元素

→产自美国的铜制水壶。铜制水壶正是利用了金属铜的高导热性。

在所有金属材料中，铜与人类的关系是最古老的。大约 1 万年前，人们就已经用铜制作了装饰品。在大约 5000 年前，人们发明了在铜中掺入锡的青铜冶炼技术，生产了大量青铜制作的刀、镜子等物品。青铜器强度高、加工方便，因此人类文明史上的青铜时代持续了一千多年，直到成熟的炼铁技术出现而终止。

从元素周期表来看，金、银、铜同属一族，在自然界中均存在单质金属形态。不过相比作为贵金属的金和银，铜能形成更丰富多样的化合物，以各种铜矿石的形式存

小知识 2000 多年前，古罗马人在欧洲的塞浦路斯岛上开采铜矿石，铜元素的名称即源于拉丁语 Cuprum（意为"塞浦路斯"）。

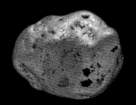

↑以熔核形式存在的天然铜（Cu），绿色的部分是被氧化后形成的铜绿。产自美国密歇根州。

↑产自中国的青铜龙装饰品。古老的青铜器被氧化后表面覆满铜绿。

←黄铜哨子。黄铜价格低廉，易于加工，做出的乐器音色很棒。

➡中国清朝雍正时期（1723—1735）铸造的铜钱。

➡纯铜手镯，用特殊方法编织而成。

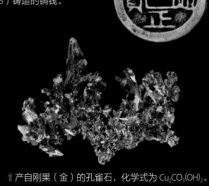

↑产自刚果（金）的孔雀石，化学式为 $Cu_2CO_3(OH)_2$。孔雀石通常在抛光后作为装饰品，从古代开始也作为颜料被使用。

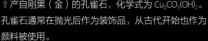

在。除了黄铜矿和赤铜矿，还有铜绿和孔雀石等可以作为颜料的铜化合物。

　　铜的成本很低，是世界范围内交易量仅次于铁和乙醇的第三大工业品。铜具有延展性，热导率和电导率仅次于银，因此被用于制造电线、炊具等。代表性合金有铜锌混合的"黄铜"、铜铝混合的"硬铝"。

　　铜是人体必需元素，除了促进与氧化还原相关的代谢反应，还参与形成运输氧气的酶。

小知识　人的血液看起来是红色的，因为其中含有含有亚铁离子的血红蛋白。而鱿鱼和章鱼等软体动物的血液是蓝色的，因为其中含有含铜的血蓝蛋白。血蓝蛋白在缺氧时是无色的，但与氧气结合后会呈现蓝色。

Zn

30

Zinc

		1																2
3	4											5	6	7	8	9	10	
11	12											13	14	15	16	17	18	
19	20	21	22	23	24	25	26	27	28	29	**30**	31	32	33	34	35	36	
37	38	39	40	41	42	43	44	45	46	47	48	49	50	51	52	53	54	
55	56	·	72	73	74	75	76	77	78	79	80	81	82	83	84	85	86	
87	88	:	104	105	106	107	108	109	110	111	112	113	114	115	116	117	118	

| · | 57 | 58 | 59 | 60 | 61 | 62 | 63 | 64 | 65 | 66 | 67 | 68 | 69 | 70 | 71 |
| : | 89 | 90 | 91 | 92 | 93 | 94 | 95 | 96 | 97 | 98 | 99 | 100 | 101 | 102 | 103 |

◆ 发现：—
◆ 类别：过渡金属　◆ 原子量：65.38
◆ 熔点：420℃　◆ 沸点：907℃
◆ 主产地：中国、秘鲁、澳大利亚

锌

比铁更容易锈蚀的金属元素

➡ 1943 年的 1 美分硬币是在二战期间铜资源短缺的情况下用镀锌钢铸造的。现在的 1 美分硬币含有 97.5% 的锌，表面再镀上铜。

　　锌是略带有蓝色的银白色金属，可溶于酸和碱，在潮湿的空气中容易生锈。锌主要从闪锌矿中提炼获得。人们使用锌的历史很悠久，最早可追溯至 3000 年前。在其被作为元素发现之前，人们就已经广泛使用锌与铜的合金——黄铜。在 11 世纪前后，印度和中国开始提炼金属锌单质，随后提炼方法被传入欧洲。

　　日常生活中，人们通常在钢材表面镀一层锌，如钢瓦和雨水排水管。人们往往认为这是因为锌不容易生锈，但实际上锌比铁更容易生锈，特别是在海水这样的电解质中。但钢材镀上锌之后，锌会优先被氧化并生锈，在表面形成一层氧化锌膜，从而保

小知识 锌的名称 Zinc 的起源有各种说法，其中一种是它与德语中的"尖锐"一词有关，因为锌晶体在精炼时棱角分明。

⇒表面镀锌的铁皮桶。

⬆助听器中的锌空气电池，金属锌作为负极。

⬆防止小船和舷外马达轴承等金属部件生锈的"防腐蚀锌"。它利用了锌的低电位和易腐蚀特性。近年来，防腐蚀金属块改由铝和铟合金制成。

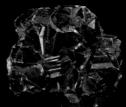

⬅产自日本秋田县的闪锌矿［(Zn,Fe)S］，这也是锌的主要矿产形式。

⬇产自墨西哥的菱锌矿（$ZnCO_3$）。

⬆产自墨西哥的异极矿，化学式为 $Zn_4(Si_2O_7)(OH)_2 \cdot H_2O$。所谓异极，指的是晶体两端的形状不同。

护里面的金属免受腐蚀。

除了用于防腐蚀，锌还用于制作电池电极和黄铜。黄铜也就是铜锌合金，被用于制造铜管乐器、硬币、装饰品等。黄铜在英语中被称为"brass"，这个单词同时也有铜管乐器的含义。

锌是人体必需的元素。缺锌可能导致生长发育迟缓、味觉障碍、免疫力低下和甲状腺功能下降等问题。富含锌的食物有牡蛎、动物肝脏、牛肉等，但过量的锌会妨碍人体对铁和铜的吸收，因此要注意适量摄入。

									1								2	
3	4							5	6	7	8	9	10				
11	12							13	14	15	16	17	18			
19	20	21	22	23	24	25	26	27	28	29	30	**31**	32	33	34	35	36
37	38	39	40	41	42	43	44	45	46	47	48	49	50	51	52	53	54
55	56	*	72	73	74	75	76	77	78	79	80	81	82	83	84	85	86
87	88	*	104	105	106	107	108	109	110	111	112	113	114	115	116	117	118

| * |57|58|59|60|61|62|63|64|65|66|67|68|69|70|71|
| : |89|90|91|92|93|94|95|96|97|98|99|100|101|102|103|

31

Ga
Gallium

镓

重要的半导体原料之一

◆ 发现：保罗·德布瓦博德兰（1875 年）
◆ 类别：其他金属　◆ 原子量：69.723
◆ 熔点：30℃　◆ 沸点：2204℃
◆ 主产地：中国、德国、哈萨克斯坦

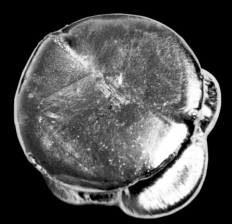

⬆镓金属的熔点很低，即使在室温下也很容易变成液体。

⬅蓝色 LED 灯。三位日本科学家用氮化镓晶体成功制作出高亮度的蓝色 LED 灯，一举填补了专业领域的空白，因此荣获 2014 年诺贝尔物理学奖。

➡产自德国的体温计，用镓铟锡合金替换危险的水银。

　　镓是略带蓝色的银白色金属，是精炼铝和锌时的副产物。主要用作半导体材料，广泛应用于电脑和照明等领域。氮化镓是蓝色发光二极管（LED）的原材料。

　　由于金属镓的熔点低，沸点高，两者之间的温度范围很宽，因此可用于制作体温计或更高量程的温度计。另外，镓与砷形成的砷化镓化合物具有将电转换成光的性质，因此被用于电子屏幕、红色发光二极管、CD/DVD 读写机、激光器、高速晶体管等。

　　小知识　法国化学家德布瓦博德兰在对闪锌矿进行光谱分析时发现了作为杂质元素的镓。镓元素的名称 Gallium 源于拉丁语 Gallia，意为法国高卢。

Ge

Germanium

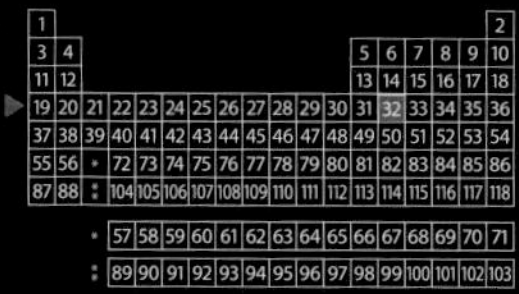

◆ 发现：克雷门斯·亚历山大·温克勒（1886 年）
◆ 类别：类金属　原子量：72.630
◆ 熔点：938℃　沸点：2833℃
◆ 主产地：中国、俄罗斯、美国

锗

与光学产业息息相关的稀有金属

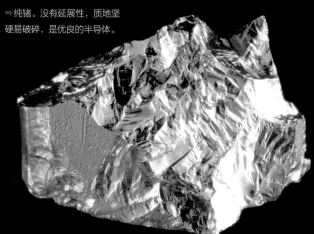

➡纯锗。没有延展性，质地坚硬易破碎，是优良的半导体。

⬅用于数字音频设备的光纤连接器，混入了二氧化锗以提高光纤的折射率。

⬇过去的矿石收音机内部的锗二极管。玻璃内侧有一个"猫胡子"式检波器，使用的正是锗金属。

　　锗是一种灰白色的类金属，作为精炼锌或铜的副产物获得。目前主流的半导体主要由硅制成，但在 20 世纪 50 年代，锗元素是应用最广泛的晶体管和二极管等半导体的原材料，并被用于整流器（将交流电转换为直流电的元件），因为它具有单一方向传输电流的特性。锗元素现主要用于制作 PET 塑料的催化剂、在接收侧将光信号转化为电信号的光纤、红外线夜视系统（因为锗不吸收红外线）。

　　目前市面上有锗元素补剂，宣称具有提高免疫力的功效，但目前尚无任何相关的科学依据。

小知识　锗元素的名称 Germanium 源于 Germany（意为"德国"）。1886 年，温克勒就是从德国新出产的硫银锗矿（Ag_8GeS_6）中成功分离出了锗元素。

33

As

Arsenic

	1																2
	3	4											5	6	7	8	9	10
	11	12											13	14	15	16	17	18
19	20	21	22	23	24	25	26	27	28	29	30	31	32	33	34	35	36
37	38	39	40	41	42	43	44	45	46	47	48	49	50	51	52	53	54
55	56		72	73	74	75	76	77	78	79	80	81	82	83	84	85	86
87	88		104	105	106	107	108	109	110	111	112	113	114	115	116	117	118

| · | 57 | 58 | 59 | 60 | 61 | 62 | 63 | 64 | 65 | 66 | 67 | 68 | 69 | 70 | 71 |
| : | 89 | 90 | 91 | 92 | 93 | 94 | 95 | 96 | 97 | 98 | 99 | 100 | 101 | 102 | 103 |

◆发现：—
◆类别：类金属　◆原子量：74.921595
◆升华点：603℃
◆主产地：中国、智利、摩洛哥

砷

精尖工业中活跃的有毒元素

⬆银白色的砷单质。在空气中容易因氧化而变得暗沉。

⬆产自日本福井县的天然砷晶体。

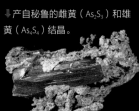

⬇产自秘鲁的雌黄（As_2S_3）和雄黄（As_4S_4）结晶。

⬆利用砷化镓制作的粉红色发光二极管。

　　砷以雌黄和雄黄等硫化矿物的形式广泛存在于自然界中。它具有类金属的性质，在常压下约 600℃ 时会升华（由固体直接变为气体）。砷的毒性自古罗马时代开始就为人所知。有机砷化合物绝大多数有毒，有些还有剧毒。砒霜（As_2O_3）就是古代最常见的毒药之一。

　　另一方面，砷还被用作药物和杀虫剂。在一些处方中，砷化合物作为药物以治疗白血病。在产业用途上，砷与镓的化合物被用于制作发光二极管和半导体激光器等。

小知识　砷化合物在 2000 年前就已为人所知。砷元素的名称来源众说纷纭，可能源于波斯语 Zarnikh（意为"黄色"）。西方化学家和史学家们则一致认为单质砷是由德国哲学家、炼金家阿尔伯特·马格努斯于 1250 年左右从砷化合物中分离出来的。

34

Se
Selenium

◇发现：永斯·雅各布·贝采利乌斯（1817 年）
◇类别：非金属　◇原子量：78.971
◇熔点：221℃　◇沸点：685℃
◇主产地：日本、德国、比利时

硒
光致导电的元素

➡有黑色光泽的硒块，含有少量杂质。它是作为硫酸工业和铜精炼工业的副产品获得的，日本的产量居世界首位。

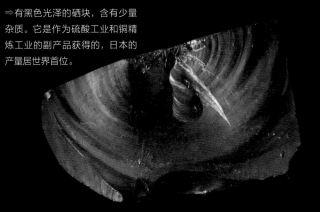

⬇含硒较多的向日葵果实。虽然经常被称为瓜子，但在这小小的果实中包裹的是向日葵的种子。

⬅利用硒的半导体性质而制成的硒整流器。目前主要改由硅制成。

➡ 硒测光表，用于测量光的强度。

　　硒是一种银灰色非金属元素（也有人将其视为类金属），作为精炼铜的副产品获得。硒的化学性质活泼，并且被光照射时，其电导率迅速提高。利用这种性质，它曾经被用于复印机的感光鼓、照相机的测光表等，但由于有毒，现在已被其他物质所取代。另外，有色合金、红色信号灯的玻璃等也使用硒作为着色剂。

　　除了坚果含有大量硒，市售补剂中一般添加了硒，因为它可以提高糖代谢的效率，并增强免疫力。不过，普通饮食中几乎不会缺乏硒元素。虽说它是人体必需的元素，但过量摄入也是有害的，因此需要注意。

小知识 硒元素的名称 Selenium 源于希腊语 Selene（月亮女神），因为在发现之时，硒是一种与碲元素性质相似的新元素，而碲 Tellurium（碲）是以拉丁语 Tellus（意为"地球"）来命名的。

35

Br

Bromine

1																2
3	4										5	6	7	8	9	10
11	12										13	14	15	16	17	18
19	20	21	22	23	24	25	26	27	28	29	30	31	32	33	**35**	36
37	38	39	40	41	42	43	44	45	46	47	48	49	50	51	52	53	54
55	56		72	73	74	75	76	77	78	79	80	81	82	83	84	85	86
87	88		104	105	106	107	108	109	110	111	112	113	114	115	116	117	118

| 57 | 58 | 59 | 60 | 61 | 62 | 63 | 64 | 65 | 66 | 67 | 68 | 69 | 70 | 71 |
| 89 | 90 | 91 | 92 | 93 | 94 | 95 | 96 | 97 | 98 | 99 | 100 | 101 | 102 | 103 |

◆ 发现：安东尼·巴拉尔（1825 年）/ 卡尔·罗威（1826 年）
◆ 类别：卤素　◆ 原子量：79.904
◆ 熔点：-7℃　◆ 沸点：59℃
◆ 主产地：美国、中国、以色列

溴

有刺激性气味的卤素

⬆ 骨螺的分泌液含有一种鲜艳的含溴化合物（6,6'-二溴靛蓝，又称骨螺紫），在古罗马时代用于提炼紫色染料。

⬅ 即使在室温下也会挥发出红褐色蒸气的溴素。使用时要小心。

⬆ 产于澳大利亚布罗肯希尔的角银矿。其中同时包括氯离子和溴离子，如果溴的含量大于氯，则称为溴角银矿（AgBr）。

　　溴是一种散发着令人不快的刺激性气味的卤族元素。含溴的矿石稀少，人们主要从海水中蒸馏提取溴。常温常压下的液体元素只有汞和溴。纯溴又称溴素，易挥发形成具有腐蚀性的有毒溴蒸气，非常危险。生活在地中海沿岸的骨螺的分泌液含有溴化合物，人们从 3000 多年前就开始提取其中的紫色染料，即腓尼基紫（或称骨螺紫）。

　　溴化银可用作照相感光剂，因此相纸被称为溴素纸。溴化银还可用于防止火灾的阻燃剂、温泉和 SPA 的杀菌剂等。

小知识　溴元素的名称 Bromine 源于希腊语 bromos（意为"恶臭"），德国的罗威和法国的巴拉尔几乎同时发现了溴元素。溴的主要生产国是以色列，从死海中采集到的 1 升海水中约含 5.4 克溴。

	1								2
3	4				5	6	7	8	9	10
11	12									
19	20	21	22	23	24	25	26	27	28	29	30	31	32	33	34	35	36
37	38	39	40	41	42	43	44	45	46	47	48	49	50	51	52	53	54
55	56	•	72	73	74	75	76	77	78	79	80	81	82	83	84	85	86
87	88	:	104	105	106	107	108	109	110	111	112	113	114	115	116	117	118
	•	57	58	59	60	61	62	63	64	65	66	67	68	69	70	71
	:	89	90	91	92	93	94	95	96	97	98	99	100	101	102	103

Kr
Krypton

◆ 发现：莫里斯·特拉弗斯 & 威廉·拉姆齐
　（1898 年）
◆ 类别：稀有气体　◆ 原子量：83.798
◆ 熔点：−157℃　◆ 沸点：−153℃
◆ 大气含量：约 0.0001%

氪
历久弥新的发光气体

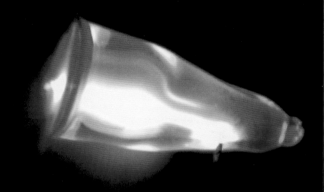

⬆氪气在放电管中发出苍白的光。氪是在空气分离装置中从液态空气中分离出来的。

⬅充入了氪气的白炽灯，目前常见的都是充氪气。

➡ 英国科学家威廉·拉姆齐，发现了氖、氩、氪、氙四种惰性气体元素。

⬆超长寿命的氪灯。

　　氪是一种无色无味的稀有气体。它隐藏在空气中，让人难以捉摸。但在 1898 年，威廉·拉姆齐等人从液态空气中分离出一种新的物质，由此发现了氪。氪的化学性质极不活泼，被人体吸入后会使嗓音变得低沉（与吸入氦的效果完全相反）。

　　氪的导热性能很差，或者说它能阻绝热流，所以被封装在灯泡、频闪仪等中以减少灯丝蒸发，延长使用寿命。一般的白炽灯填充氩气，但氪的热导率比氩气还要低，因此氪灯的使用寿命更持久。目前，白炽灯逐步被替换为荧光灯或 LED 灯，但氪灯的显色性能过于出色，因此至今仍被广泛使用。

小知识　氪元素的名称 Krypton 源于希腊语 kryptos（意为"隐藏"）。拉姆齐和特拉弗斯通过分馏空气和光谱分析，发现除氩线外，还有两条从未见过的明亮谱线，一条黄的，一条绿的，这正是氪元素的特征谱线。

专栏

Column

造成环境污染的有毒元素

自然界的平衡正在遭受不可逆侵害

正在排放烟气的工厂群。精炼工业中产生的废水和烟气如果未经净化擅自排放，会造成严重的环境污染。

有些元素会对人体有害，被称为有毒元素。有毒元素多为重金属（密度大于 4.5g/cm³ 的金属⊖），主要是除碱金属、碱土金属以外的金属元素。人们生活中常见的有毒元素，有砷、铅、汞。在日本的食品安全法中，除上述的砷、铅、汞之外，锌、锑、镉、锡、硒、铜、铬也被当作有毒金属列入限制名单。

实际上，造成当前环境污染的元素主要是镉、汞、铀、铜等重金属。关于这些物质的毒性很久以来就已有定论，但是在经济高速增长时期，人们以效率优先，也就很少考虑到环境问题和可持续发展的理念了。人们总是认为，即使工业废水里含有有毒元素，如果流入河流或大海，最终会稀释到一个安全的浓度。

日本富山县神通川流域的居民在 20 世纪初期饱受"痛痛病"的困扰，这是由于附近的矿山随意排放含镉废水而引起的。随着污染水进入稻田，人们食用当地土生土长的大米和蔬菜之后，就在体内富集了大量镉元素。镉的毒性表现为肾脏和手脚关节疼痛，骨质软化疏松，使得患者疼痛无比。

20 世纪 50 年代，日本熊本县水俣湾附近又爆发了一起"水俣病"公害事件。当

⊖ "重金属"所包含的元素种类并无定论，存在密度、原子序数、化学性质等多种判定标准。本书将密度大于 4.5g/cm³ 的金属和类金属视为重金属。——编者注

正常情况下人体内重金属的含量（mg）	
铁（Fe）	4500
锌（Zn）	2000
铅（Pb）	120
铜（Cu）	80
镉（Cd）	50
钒（V）	18
锰（Mn）	15
镍（Ni）	10
钼（Mo）	9
铬（Cr）	2

※ 参考：《矿物大百科》（2003）

■ 重金属元素

重金属密度在 4.5g/cm³ 以上，密度很大。病理学上毒性较大的有铅（Pb）、汞（Hg）、砷（As）、镉（Cd）、镍（Ni）等。与水污染有关的环境标准规定了铅、汞、砷、镉、六价铬（Cr^{6+}）等元素的排放限值。重金属在自然环境中广泛存在，人体中也分布了一小部分，只是处于一个安全的浓度范围内。如果重金属元素在工厂等地被人为浓缩到废气废水中，对人们的危险就会大大增加。

2016 年 NASA 卫星观测到的覆盖南极上空的臭氧层空洞。氟利昂气体被认为是破坏臭氧层的主要元凶，因此已逐步停止使用。

地的化工公司将含有大量甲基汞的废液未经处理直接排入大海。化工公司原以为将废水排入大海稀释后不会造成恶劣影响，但实际上汞元素被鱼虾贝类摄入后随着食物链层层富集，并最终进入人体。○

　　现代社会是一个产业密集的工业社会，工业生产过程常常在不经意间破坏了自然环境。环境污染一旦造成，很快就会蔓延成一个全球性问题。例如，由于旧冰箱内的制冷剂需求旺盛，人们大量生产氟利昂，结果氟利昂排入自然后严重破坏了保护地球不受紫外线侵害的臭氧层，现在大部分国家都停止了氟利昂的生产。

　　另一方面，核电站、核武器方面的技术突破使得新时代的人类比以往任何时候都更容易暴露在放射性物质的影响之下。钚 −239 和铯 −137 等放射性物质也是强毒性元素，它们作用于人体的方式与重金属元素有所不同。

　　重金属中毒是由分子层面的化学反应引起的，而放射性物质中毒则是由于高能辐射直接切断细胞 DNA 的结构，因此容易导致遗传基因异常和癌症等疾病。因为化学手段无法阻止放射性物质的辐射，所以一旦沾染只能等待体内的辐射缓慢消退。

○　人体沾染甲基汞后，脑中枢神经和末梢神经被侵害，表现出严重的神经疾病。当地的鱼、猫、鸟均出现生物变异，甚至绝迹。日本的"痛痛病"和"水俣病"爆发都被评为世界八大公害事件。——译者注

37

Rb
Rubidium

◆ 发现：罗伯特·本生 & 古斯塔夫·基尔霍夫
（1861 年）
◆ 类别：碱金属　　◆ 原子量：85.4678
◆ 熔点：39℃　　◆ 沸点：688℃
◆ 主产地：—

铷
用于精确测量地质年代的元素

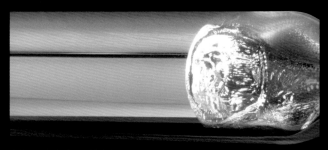

⬆银白色的铷金属。熔点低，易熔化。

⬇产于马达加斯加的伦敦石，化学成分为 $CsBe_5Al_4B_{11}O_{28}$，是一种淡黄色的晶体。其中的铯（Cs）有时会被铷（Rb）取代。

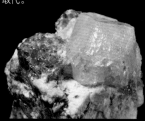

⬅铷的焰色反应呈现紫色。

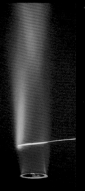

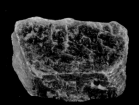

⬆锂云母中最多含有约 3% 的铷，在精炼时铷金属可作为锂的副产物回收。

　　铷是一种化学性质十分活泼的碱金属，放入水中会急剧反应产生氢气，大量放热并引起爆炸。即使在空气中铷也会自燃，所以需要慎重处理。铷存在于锂云母等矿石中作为杂质成分，可用于制作比使用铯更便宜的原子钟。

　　铷元素最有价值的用途之一莫过于计算岩石年龄和地质年代的"铷 – 锶年代测定法"。铷的放射性同位素铷-87 发生 β 衰变，变成稳定的锶-87。因为铷-87 的半衰期有 488 亿年之久，所以根据岩石和陨石中的铷锶含量比，可以测定出以亿年为单位的年代。

小知识　德国科学家罗伯特·本生和古斯塔夫·基尔霍夫通过使用原子光谱分析法发现了铷。铷元素的名称 Rubidium 源于拉丁语 rubidus（意为"深红色"），因为铷的原子光谱呈现出多条鲜明的红线。

38

Sr

Strontium

		3	4										5	6	7	8	9	2
													13	14	15	16	17	10
19	20	21	22	23	24	25	26	27	28	29	30	31	32	33	34	35	36
37	38	39	40	41	42	43	44	45	46	47	48	49	50	51	52	53	54
55	56		72	73	74	75	76	77	78	79	80	81	82	83	84	85	86
87	88		104	105	106	107	108	109	110	111	112	113	114	115	116	117	118
		57	58	59	60	61	62	63	64	65	66	67	68	69	70	71	
		89	90	91	92	93	94	95	96	97	98	99	100	101	102	103	

◆发现：阿代尔·克劳福德（1787 年）
◆类别：碱土金属　◆原子量：87.62
◆熔点：777℃　◆沸点：1377℃
◆主产地：西班牙、中国、墨西哥

锶

点缀烟花的稀有金属

⬆添加了氯化锶的红色烟花。此外，钡盐用于绿色烟花，铜盐用于蓝色烟花，钠盐用于黄色烟花。

⬅锶的焰色反应呈现鲜红色。

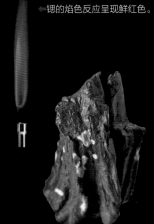

⬆锶金属块，暴露在空气中很快就会氧化变白。

⬅产自奥地利的菱锶矿（$SrCO_3$）。菱锶矿常与天青石矿（$SrSO_4$）伴生，两者都是重要的含锶矿物。

　　锶是一种质地柔软的银白色碱土金属，化学性质很活泼。锶在燃烧时会呈现出鲜艳的红色，所以锶化合物被用作烟花和发烟筒的材料。锶的其他用途还包括玻璃添加剂、液晶显示器覆膜等，这是由于锶可以阻绝 X 射线辐射。锶有时还会被添加到铁氧体磁铁中。铝酸锶被用作聚光灯涂料。

　　在核电站中，铀-235 的裂变产物包括碘-131、铯-137 以及天然状态下不存在的放射性同位素锶-90。锶与钙的性质相似，进入人体内后会在骨骼中积累，因此这种放射性同位素是一种危险的物质。

小知识　锶元素由英国医生克劳福德从菱锶矿中发现。锶元素的名称 Strontium 是以发现该矿石的产地 Strontian 来命名的。1808 年，汉弗莱·戴维通过电解法成功分离提取了金属锶单质。

	1										2
3	4				5	6	7	8	9	10	
11	12				13	14	15	16	17	18	
19	20	21	22	23	24	25	26	27	28	29	30	31	32	33	34	35	36
37	38	39	40	41	42	43	44	45	46	47	48	49	50	51	52	53	54
55	56	·	72	73	74	75	76	77	78	79	80	81	82	83	84	85	86
87	88	:	104	105	106	107	108	109	110	111	112	113	114	115	116	117	118

| · | 57 | 58 | 59 | 60 | 61 | 62 | 63 | 64 | 65 | 66 | 67 | 68 | 69 | 70 | 71 |
| : | 89 | 90 | 91 | 92 | 93 | 94 | 95 | 96 | 97 | 98 | 99 | 100 | 101 | 102 | 103 |

Y

Yttrium

39

发现：约翰·加多林（1794 年）
类别：过渡金属　原子量：88.90584
熔点：1522℃　沸点：3345℃
主产地：—

钇

用于激光器元件的晶体

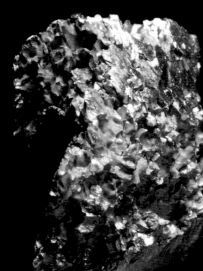

⇦ 纯度 99.9% 的钇金属。略带杂质，呈黄色。

📷 YAG 人工激光晶体（钇铝石榴石），广泛应用于切割、医疗、数字通信、测量等领域。

➡ 产于马达加斯加的复稀金矿，是以钇元素为首的稀土矿物，化学式为 (Y, Ca, Ce, U, Th)(Nb, Ta, Ti)$_2O_6$。

　　钇是约翰·加多林从来自瑞典的矿石样本中发现的一种质地柔软的银白色金属，是广泛存在于独居石和稀土矿石中的稀土元素之一。氧化钇是红色荧光粉的成分之一，与铝的氧化物组合成的钇铝石榴石（YAG）可作为固体激光器元件，并被用作白色 LED 荧光粉等。

　　水溶性钇化合物对人体有害，研究指出其可能导致肺部疾病。钇的放射性同位素可用于恶性淋巴瘤、白血病、子宫癌、结肠癌、直肠癌、骨癌等癌症的放射性治疗。

　　小知识 钇元素的名称 Yttrium 源于以出产大量稀土而闻名的瑞典伊特比（Ytterby）村，由芬兰化学家加多林在以他的名字命名的加多林矿（Y$_2$FeBe$_2$Si$_2O_{10}$）中被首次发现。

Zr
Zirconium

| | | | | | | | | | | | | | | | | | |
|1| | | | | | | | | | | | | | | | |2|

◇ 发现：马丁·克拉普罗特（1789 年）
◇ 类别：过渡金属　◇ 原子量：91.224
◇ 熔点：1855℃　◇ 沸点：4409℃
◇ 主产地：澳大利亚、南非、中国

锆

仿造钻石的元素

⬆ 通过向二氧化锆（ZrO_2）中添加钇、铈等元素获得立方氧化锆，是钻石的仿制品。

⬆ 填充了羊毛状锆金属作为发光材料的闪光灯。它曾经被用于相机的闪光拍摄。

⬆ 使用二氧化锆制成的陶瓷菜刀，质地轻巧且不生锈。

　　锆是一种银白色金属，主要提取自锆石（$ZrSiO_4$）。锆的化合物具有优异的耐蚀性和耐热性，因此用途广泛。中子可以穿过锆金属而不被吸收，所以锆被用作核反应堆铀燃料棒的护套材料。但是，锆在高温下会与水蒸气发生反应并产生氢气。2011 年福岛第一核电站事故中发生的氢气爆炸，正是锆和水发生了失控的化学反应而导致的。

　　日常生活中，二氧化锆（ZrO_2）是陶瓷刀的主要成分，非常硬，但不耐摔。而添加钇等元素的立方氧化锆（Cubic Zirconia，CZ）具有高折射率的特点，在光学上与钻石非常接近，被广泛用作钻石的替代品。

小知识　克拉普罗特从富含铀、钛、铈、碲等杂质元素的锆石（Zircon）中分离出了锆元素并以此将其命名为 Zirconium。锆石的名称 Zircon 则源于波斯语 Zargun（意为"金色"）。

Nb

Niobium

1																	2
3	4											5	6	7	8	9	10
11	12											13	14	15	16	17	18
19	20	21	22	23	24	25	26	27	28	29	30	31	32	33	34	35	36
37	38	39	40	41	42	43	44	45	46	47	48	49	50	51	52	53	54
55	56		72	73	74	75	76	77	78	79	80	81	82	83	84	85	86
87	88		104	105	106	107	108	109	110	111	112	113	114	115	116	117	118

| | 57 | 58 | 59 | 60 | 61 | 62 | 63 | 64 | 65 | 66 | 67 | 68 | 69 | 70 | 71 |
| | 89 | 90 | 91 | 92 | 93 | 94 | 95 | 96 | 97 | 98 | 99 | 100 | 101 | 102 | 103 |

◆ 发现：查尔斯·哈切特（1801 年）
◆ 类别：过渡金属　◆ 原子量：92.90637
◆ 熔点：2477℃　◆ 沸点：4744℃
◆ 主产地：巴西、加拿大

铌

高温合金和高温超导的重要金属

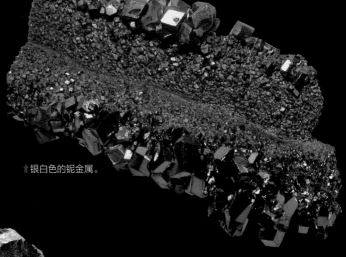

⬆ 银白色的铌金属。

⬆ 产自莫桑比克的铌铁矿（$FeNb_2O_6$）。
铌铁矿和钽铁矿经常共生出现。

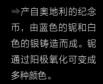

➡ 产自奥地利的纪念币，由蓝色的铌和白色的银铸造而成。铌通过阳极氧化可变成多种颜色。

　　铌是一种银白色的软金属，主产地巴西的产量占世界总产量的 80%。铌与钽的性质相似，铌的储量更丰富且价格更低廉，但仍属于稀有金属。铌有望成为新的电子元件材料。

　　在钢材中添加铌可以增加耐蚀性和耐热性，铌钢被用于制造管道、喷气涡轮发动机等。此外，铌钛合金在约 −263℃ 以下的极低温下没有电阻。铌作为单体金属，在"高温"（相对绝对零度而言）下也能成为超导体。这种超导体易于加工，用于制造磁悬浮列车和磁共振成像（MRI）的电磁铁线圈。

小知识 1801 年，英国化学家查尔斯·哈切特对大英博物馆收藏的一份钶铁矿（columbite）进行分析并发现了一种新元素，最初命名为 Columbium（钶），但后来统一命名为 Niobium（铌）。这是以希腊神话中坦塔洛斯的女儿泪水女神尼奥贝（Niobe）命名的。

Mo
Molybdenum

◆ 发现：卡尔·舍勒（1778 年）
◆ 类别：过渡金属　◆ 原子量：95.95
◆ 熔点：2623℃　◆ 沸点：4639℃
◆ 主产地：墨西哥、中国、美国

钼

合金钢的添加剂元素

➡ 加拿大铜钼矿公司铸造的 99.95% 纯度的钼币。

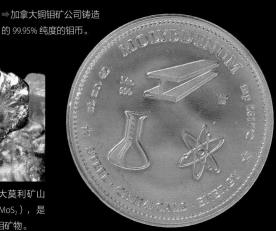

⬆ 产自加拿大莫利矿山的辉钼矿（MoS₂），是最主要的含钼矿物。

➡ 铬钼钢钻头，具有很高的强度和硬度，常用于混凝土切割等。

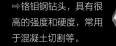

⬆ 钼铅矿（PbMoO₄），由于其中含有铬和钒等杂质元素而变成黄褐色。

⬅ 耐热、耐磨的钼脂，其中添加了二硫化钼。

077

　　钼是一种银白色的坚硬金属，在工业中不可缺少。钼的储量较少，中国是其主产国之一。钼的熔点高，耐热性优异，常作为添加剂掺入不锈钢、铬钢等各种合金钢中。铬钼钢具有高强度和良好的冲击吸收性能，又易于焊接，因此，从高端自行车的车架到飞机和火箭的发动机，很多地方都能看到铬钼钢的身影。

　　钼是人体必需的微量元素，参与尿酸的合成和造血。它也是植物生长中不可缺少的元素，起着控制氮循环的重要作用。

小知识 1778 年，瑞典科学家舍勒从辉钼矿（molybdenite）中发现了钼元素（Molybdenum）。辉钼矿因与铅矿性质相似而常被混淆，其英文名来源于希腊语 molybdos（意为"铅"）。

Tc
43
Technetium

		1										2
3	4				5	6	7	8	9	10
11	12				13	14	15	16	17	18
19	20	21	22	23	24	25	26	27	28	29	30	31	32	33	34	35	36
37	38	39	40	41	42	43	44	45	46	47	48	49	50	51	52	53	54
55	56		72	73	74	75	76	77	78	79	80	81	82	83	84	85	86
87	88		104	105	106	107	108	109	110	111	112	113	114	115	116	117	118
·	57	58	59	60	61	62	63	64	65	66	67	68	69	70	71
⁝	89	90	91	92	93	94	95	96	97	98	99	100	101	102	103

◆发现：塞格雷＆佩里埃（1937 年）
◆类别：过渡金属　◆原子量：[98]
◆熔点：2157℃　◆沸点：4265℃
◆主产地：—

注：[ ] 表示该元素为放射性元素，原子量取最长半衰期的同位素质量数。

锝

医疗领域大放异彩的放射性元素

⇒锝-99m 可以作为放射性诊断的示踪剂。可以看到锝-99m 密集分布在骨骼的异常部位（照片中绿色部分）。顺带一提，"m"表示亚稳态同位素。

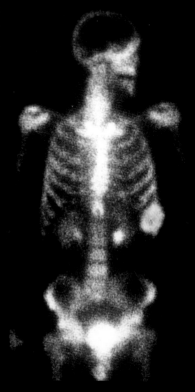

⬆锝星，是一类光谱中有放射性锝吸收线的恒星。这也成为恒星内部合成重元素的有力证据。

　　锝是世界上第一个由人工合成而发现的元素，意大利物理学家塞格雷等人利用回旋加速器用氘核轰击钼箔而发现了这种新元素。除了在核反应堆内产生锝，铀自发裂变时也会产生微量锝。锝有几十种同位素，但所有的同位素都是具有放射性的。

　　锝的同位素中，寿命最长的锝 -98 半衰期为 420 万年；而锝 -99m 的半衰期仅为 6 小时，释放出的伽马射线也较弱。锝 -99m 进入人体后的危害较小，因此可利用其渗透性，辅助癌症骨转移的诊断。1952 年，天文学家通过对某些红巨星的光谱分析，发现锝是在恒星内部通过核合成而产生的。

小知识 锝元素的名称 Technetium 源于希腊语 technetos（意为"人工的"），因为它是元素周期表中第一个由人工合成而发现的元素。1962 年，人们从铀矿中分离出了天然存在的锝。

Ru
Ruthenium

1																	2
3	4											5	6	7	8	9	10
11	12											13	14	15	16	17	18
19	20	21	22	23	24	25	26	27	28	29	30	31	32	33	34	35	36
37	38	39	40	41	42	43	44	45	46	47	48	49	50	51	52	53	54
55	56		72	73	74	75	76	77	78	79	80	81	82	83	84	85	86
87	88		104	105	106	107	108	109	110	111	112	113	114	115	116	117	118

| | 57 | 58 | 59 | 60 | 61 | 62 | 63 | 64 | 65 | 66 | 67 | 68 | 69 | 70 | 71 |
| | 89 | 90 | 91 | 92 | 93 | 94 | 95 | 96 | 97 | 98 | 99 | 100 | 101 | 102 | 103 |

◆发现：卡尔·克劳斯（1844 年）
◆类别：过渡金属、铂系元素
◆原子量：101.07
◆熔点：2334℃　◆沸点：4150℃
◆主产地：南非、俄罗斯

钌
增加磁盘存储量的贵金属

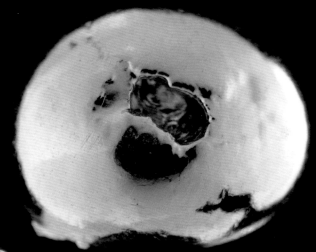

↑通过熔化钌粉末制成的钌金属块，虽然价格昂贵，
但还是比铑金属便宜得多。

⇐镀钌的戒指。戒指镀层种类有黑色光
泽的镍和白色光泽的钌，但镍容易导致
金属过敏，一般不常使用。

　　钌是与铂等物质物理性质相似的铂系元素（又称铂族金属，包括钌、铑、钯、锇、铱和铂）之一，常常与锇和铂共生。钌单质是银白色的金属，一般从铂矿中分离出来，不易被氧化，所以抗腐蚀能力强。

　　钌锇合金耐磨性好，铂系元素共混后的合金强度增加，可用作高级钢笔的笔尖和电触头材料。此外，由于钌具有磁性和高熔点，可通过将薄钌层插入硬盘的磁性层中来增加存储容量。钌元素在合成催化领域也大有作为，"不对称性钌催化剂"的研究成果荣获了 2001 年诺贝尔化学奖。

小知识 1827 年，德国科学家戈特弗里德·奥桑分析来自乌拉尔山脉的铂矿，并认为自己发现了新元素。但由于他无法重复分离新元素（即钌）的实验，最终放弃了他的主张。后来，俄罗斯化学家卡尔·克劳斯重新发现并成功分离出钌。钌元素的名称 Ruthenium 源于俄罗斯当时的拉丁语名 Ruthenia

Rh

Rhodium

45

																1		2
3	4											5	6	7	8	9	10	
11	12											13	14	15	16	17	18	
19	20	21	22	23	24	25	26	27	28	29	30	31	32	33	34	35	36	
37	38	39	40	41	42	43	44	45	46	47	48	49	50	51	52	53	54	
55	56		72	73	74	75	76	77	78	79	80	81	82	83	84	85	86	
87	88		104	105	106	107	108	109	110	111	112	113	114	115	116	117	118	

| 57 | 58 | 59 | 60 | 61 | 62 | 63 | 64 | 65 | 66 | 67 | 68 | 69 | 70 | 71 |
| 89 | 90 | 91 | 92 | 93 | 94 | 95 | 96 | 97 | 98 | 99 | 100 | 101 | 102 | 103 |

◆ 发现：威廉·沃拉斯顿（1803 年）
◆ 类别：过渡金属、铂系元素
◆ 原子量：102.90550
◆ 熔点：1964℃　◆ 沸点：3695℃
◆ 主产地：南非、俄罗斯

铑

汽车尾气的净化元素

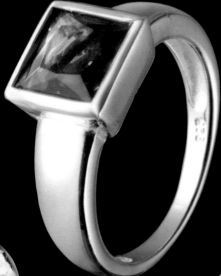

⇐表面镀有铑的银戒指，可以防腐蚀、防金属过敏。绿色部分是模仿翡翠的立方氧化锆。

↑银白色的铑金属块，比银和铂都要硬得多。在墨西哥和哥伦比亚，偶尔会发现含金的铑合金矿物。

⇒铑金属催化转化器，作为废气排放控制装置安装在汽车排气管上。铑等催化剂则黏附在壳体内的陶瓷上。

　　铑是铂系元素之一，是从铂矿中分离出来的残留物质，也是从镍矿中分离出来的副产物。铑的光反射率仅次于银，不易被氧化。由于其美丽的光泽，在银饰品上常常实施被称为"铑闪光"的电镀以防止饰品变色。

　　铑主要用于汽车排气管上的催化转化器。它可以将一氧化碳和氮氧化物等有害废气转化为无害的氮气、二氧化碳和水。另外，铑金属比铂和钯的电阻更低，更容易导电，因此也被用作电触头材料。

小知识　铑元素的名称 Rhodium 源于希腊语 rhodon（意为"玫瑰色"），因为它被发现时的铑盐溶液呈鲜艳的玫红色。威廉·沃拉斯顿是英国化学家和物理学家，在铂矿石中发现了铑和钯。

Pd

Palladium

1																	2
3	4										5	6	7	8	9	10	
11	12										13	14	15	16	17	18	
19	20	21	22	23	24	25	26	27	28	29	30	31	32	33	34	35	36
37	38	39	40	41	42	43	44	45	46	47	48	49	50	51	52	53	54
55	56	·	72	73	74	75	76	77	78	79	80	81	82	83	84	85	86
87	88	∷	104	105	106	107	108	109	110	111	112	113	114	115	116	117	118

·	57	58	59	60	61	62	63	64	65	66	67	68	69	70	71
∷	89	90	91	92	93	94	95	96	97	98	99	100	101	102	103

◆ 发现：威廉·沃拉斯顿（1803 年）
◆ 类别：过渡金属、铂系元素
◆ 原子量：106.42
◆ 熔点：1555℃　◆ 沸点：2963℃
◆ 主产地：南非、俄罗斯

钯

吸收氢气的铂系元素

➡ 99.95% 纯度的钯制硬币。它是为了纪念刘易斯–克拉克探险队穿越美洲大陆 200 周年而铸造的。

⬅ 1967 年，汤加在其第四任国主加冕之际发行了世界上第一枚钯币。这是图案为该钯币的圆形邮票。

　　钯是混杂在铂矿石中的质地柔软的银白色金属，也是铜、锌、镍精炼时的副产品。钯在铂系元素中熔点最低，密度也最低。

　　和铑一样，钯的主要用途是制作净化汽车尾气的催化转化器。此外，将钯元素掺入银合金中可以防止银变色并增加银的强度，钯银合金被用于牙科治疗中的银牙材料以及镍合金、铂金表面的着色。

　　金属钯可以最多吸收自身体积 900 倍的氢气！所以钯也被用于储氢设备的研究中。为了将化学性质活泼的氢开发为新一代清洁能源，钯也逐渐成为此过程中的必需元素之一。

小知识　钯元素 Palladium 是以 1802 年（发现钯前一年）发现的小行星——智神星（Pallas）命名的，而后者是以希腊神话中的智慧女神帕拉斯（雅典娜的别称）命名的。

47

Ag
Silver

1																	2
3	4											5	6	7	8	9	10
11	12											13	14	15	16	17	18
19	20	21	22	23	24	25	26	27	28	29	30	31	32	33	34	35	36
37	38	39	40	41	42	43	44	45	46	47	48	49	50	51	52	53	54
55	56	*	72	73	74	75	76	77	78	79	80	81	82	83	84	85	86
87	88	:	104	105	106	107	108	109	110	111	112	113	114	115	116	117	118

*	57	58	59	60	61	62	63	64	65	66	67	68	69	70	71
:	89	90	91	92	93	94	95	96	97	98	99	100	101	102	103

◈ 发现：—
◈ 类别：过渡金属　◈ 原子量：107.8682
◈ 熔点：962℃　◈ 沸点：2162℃
◈ 主产地：秘鲁、墨西哥、中国

银
杀菌效果显著的贵金属

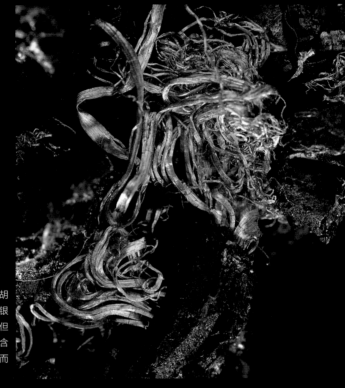

➡ 天然产生的胡须状银晶。纯银是银白色的，但容易与氧气或含硫化合物反应而发黑。

　　银俗称白银，大约 5000 年前就被作为货币和装饰品开始使用。在当时的美索不达米亚文明的遗迹中，发现了银制装饰品。方铅矿（PbS）中常含银，中国自古就从含银方铅矿中提炼银。

　　金属银最大的特点是其电导率和可见光反射率是所有金属中最高的。此外，它具有仅次于黄金的延展性，1 克银可延伸至 2000 米。然而，银很少像金那样在电子设备中使用，因为银很容易被氧化，也容易与大气中的含硫组分反应而变黑。另一方面，古人使用银器并利用其变色的性质来察觉食物中是否混入了硫化砷等毒物。

小知识　银元素的符号 Ag 来自银的拉丁语名称 Argentum，后者源于希腊语 argos（意为"闪耀"）。顺带一提，南美洲阿根廷的国名就来源于这个词。

⬅斯特林银葡萄酒高脚杯。斯特林银是在纯度 92.5% 的银中加入铜元素的银合金，用于餐具和装饰品等。它具有"时效硬化"的性质，即热处理后会随着时间的推移而变硬。

⬆涂覆有银化合物作为感光材料的照相胶片。由于数码相机的普及，市场对卤化银感光剂的需求逐渐减少。

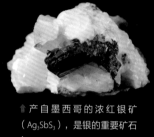

⬆产自墨西哥的浓红银矿（Ag_3SbS_3），是银的重要矿石之一。

⬇日本江户时代末期的天保年间铸造的"一分银"货币。

⬆公元前 336 年左右开始在古希腊流通的德拉克马银币。表面刻有亚历山大大帝的形象。

⬆用作点心材料的银色颗粒，用银箔涂覆在砂糖和淀粉颗粒上面而制成。

　　在近代，银被用作感光材料。溴化银或碘化银在曝光后被还原为银单质，从而形成影像。早期的电影幕布上也涂有银化合物，直到现在电影屏幕依然被称为"银幕"。

　　到了 20 世纪，人们发现银离子具有杀菌效果，添加了银离子的抗菌剂和杀菌剂已实现商品化并投入市场。银没有汞、铅等元素的强毒性，因此今后在医疗领域的应用可能还会进一步扩大。

小知识　古代金属银单质比黄金更稀有，在中世纪时被认为是十分昂贵的贵金属。但是在 16 世纪大航海时代之后，玻利维亚的波托西银矿山和日本的石见银矿山等地开始向全世界大量出口银资源，其价值就下降了。

48

Cd
Cadmium

◆发现：弗里德里希·施特罗迈尔（1817 年）
◆类别：过渡金属　◆原子量：112.414
◆熔点：321℃　◆沸点：767℃
◆主产地：中国、韩国、日本

镉

导致痛痛病的有毒重金属元素

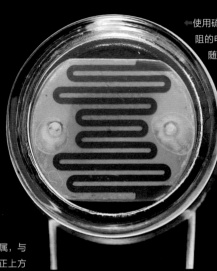

◀使用硫化镉（CdS）作为光敏电阻的电子部件。硫化镉是一种随着光照量变化而改变电阻大小的半导体，用于街道上自动点亮／熄灭的路灯。

⬇柔软的银白色镉金属，与元素周期表中位于其正上方的锌性质相似。

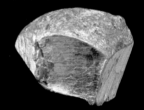

➡在铅锌矿床的氧化区形成的硫镉矿（CdS）。它是以黄色或褐色的块状形态出现的。

　　镉是天然存在的重金属元素，也可以作为精炼锌的副产物获得。镉主要用作防锈的电镀材料，也被用作镍镉电池的负极材料。硫化镉是一种重要的黄色颜料，也被称为"镉黄"。

　　镉元素广泛存在于土壤中，所以多种农作物中都含有镉，但正常情况下的镉含量不足以影响人体。长期摄入高浓度镉会引起肾脏功能障碍。20 世纪 30 年代，日本富山县居民长期食用含镉废水栽培的大米，最终爆发了"痛痛病"，这被认为是日本最初的公害病。

小知识 德国的施特罗迈尔从不纯的氧化锌中分离出新的金属元素，以含锌的矿石菱锌矿的名称 Calamine 命名它为 Cadmium。该名称被认为来源于希腊神话中的卡德摩斯王子（Cadmus）。

In

Indium

| | | | | | | | | | | | | | | | | | |
|1|2|3|4|5|6|7|8|9|10|11|12|13|14|15|16|17|18|

◆发现：费迪南特·莱希＆希罗尼穆斯·里希特
（1863 年）
◆类别：其他金属　◆原子量：114.818
◆熔点：157℃　◆沸点：2072℃
◆主产地：中国、日本、加拿大

铟

液晶显示屏的必需元素

←产自日本北海道丰羽矿山的闪锌矿（ZnS），其中富含铟杂质。除了闪锌矿，铟还经常出现在黄铁矿和黄铜矿中。

⬇纯铟金属块，质地柔软，熔点较低。

⬆几乎所有液晶显示器中都含有铟元素。氧化铟锡制成的透明导电涂层位于屏幕的背光板和滤色器之间。

　　铟是一种银白色的金属元素，作为半导体材料而成为工业中不可或缺的稀有金属。特别是铟与锡的氧化物，在液晶和等离子平板显示器中被用作透明导电涂层。一般来说，导电的金属是不透光的，透光的玻璃是不导电的，但是氧化铟锡兼具了两者的优势！

　　日本曾经是铟的最大生产国，但由于资源枯竭，北海道丰羽矿山于 2006 年停止开采，目前日本国内正在推进废材和二手物品的回收利用。现在中国是最大的铟生产国。由于液晶显示器的世界性需求高涨，铟的市场价格也水涨船高。

小知识　铟是德国化学家费迪南特·莱希和希罗尼穆斯·里希特在闪锌矿的光谱中发现的。由于铟的焰色反应显示为靛蓝色，其元素名称 Indium 源于拉丁语 indicum（意为"靛蓝"）。

50

Sn
Tin

◆ 发现：—
◆ 类别：其他金属　　◆ 原子量：118.710
◆ 熔点：232℃　　◆ 沸点：2602℃
◆ 主产地：中国、印度尼西亚

锡

广泛用于合金和电镀的稳定剂

⬇ 由含锡和锑的巴瓦合金制成的白驴雕塑。巴瓦合金的熔点为 250℃ 左右，易于加工，硬度适中。

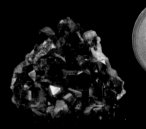

⬅ 1944 年日本铸造的锡币。

⬆ 产自玻利维亚的锡石（SnO_2），自古就是最重要的锡矿石种类之一。

➡ 用纯锡制成的器皿。金属锡质地柔软所以容易变形，但是其热导率高，所以冷却性能较好。

　　锡是一种银白色的金属元素。由于易于加工，锡可用于合金和耐蚀电镀。特别是锡与铜的合金——青铜，是人类从最早开始使用的金属材料之一。此外，在钢棒上镀上锡层以防止腐蚀、作为焊接材料使用的低熔点锡铅合金、以锡为主要成分的白色颜料等都是锡的重要用途。

　　锡自古以来就被广泛使用，这也是因为金属锡的毒性较低。然而，虽然无机锡化合物的毒性较低，但有机锡化合物的毒性很强。现在所有船舶都禁止使用含有机锡化合物的涂料。

　　小知识 美索不达米亚文明在距今五千多年前就开始在铜中添加锡元素以增加强度，锡铜合金即为青铜。锡元素的符号 Sn 源于拉丁语中的 stannum（意为"锡"）一词。

Sb
Antimony

1																	2
3	4										5	6	7	8	9	10
11	12										13	14	15	16	17	18
19	20	21	22	23	24	25	26	27	28	29	30	31	32	33	34	35	36
37	38	39	40	41	42	43	44	45	46	47	48	49	50	51	52	53	54
55	56		72	73	74	75	76	77	78	79	80	81	82	83	84	85	86
87	88		104	105	106	107	108	109	110	111	112	113	114	115	116	117	118

| | 57 | 58 | 59 | 60 | 61 | 62 | 63 | 64 | 65 | 66 | 67 | 68 | 69 | 70 | 71 |
| | 89 | 90 | 91 | 92 | 93 | 94 | 95 | 96 | 97 | 98 | 99 | 100 | 101 | 102 | 103 |

◇ 发现：—
◇ 类别：类金属　◇ 原子量：121.760
◇ 熔点：631℃　◇ 沸点：1587℃
◆ 主产地：中国、俄罗斯、玻利维亚

锑

用于半导体和阻燃剂的类金属

➡ 锑铅合金曾被用作凸版印刷铅活字的材料。

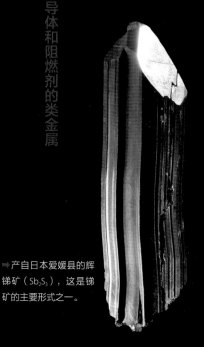

➡ 产自日本爱媛县的辉锑矿（Sb₂S₃），这是锑矿的主要形式之一。

⬆ 产自墨西哥的天然锑块，表面有一层黄色的氧化物（Sb₂O₅）。

Sb_2S_3

Sb_2O_5

　　锑是一种有银白色光泽的类金属元素。早在约公元前 3000 年，古埃及的女性就已经使用辉锑矿粉末作为眼影了。目前已知锑元素有毒性，所以禁止用于制作化妆品等与身体接触的产品。

　　目前，锑主要用于铅酸蓄电池的电极、焊料合金的材料、半导体材料的添加剂等。锑最重要的用途是它的氧化物三氧化二锑被添加到合成树脂、橡胶、纤维等中，用于制造耐火材料。在海底，人们发现了越来越多的锑矿床，后续的开采工作值得期待。

小知识　历史记录中首次分离锑的是 16 世纪意大利的冶金学者比林奇奥。锑元素的符号 Sb 源于拉丁语中的 stibium（意为"辉锑矿"），但锑的名称来源众说纷纭，尚无定论。

52

Te
Tellurium

◆发现：弗朗茨－约瑟夫·米勒·冯·赖兴施泰
　　因（1782 年）
◆类别：类金属　◆原子量：127.60
◆熔点：450℃　◆沸点：988℃
◆主产地：—

碲

尖端工业中不可缺少的稀有金属

➡纯碲金属。有金属光泽，但质地很脆弱。

➡蓝光光盘的记录层使用了碲合金。在 DVD±RW 中使用银、铟、锑的合金，在 DVD-RAM 中则使用锗、锑的合金。

⬆天然存在的碲单质（Te）为银灰色矿物，表面被氧化形成二氧化碲（TeO_2）。

　　碲元素的名称 Tellurium 源于拉丁语 Tellus（意为"地球"），它是一种银白色的类金属元素。碲元素的毒性很强，进入人体内后呼气有蒜味。碲矿石是存在的，但其储量本身非常少，所以碲一般是作为精炼铜的副产品而获得的。

　　除了用作玻璃和陶瓷的着色剂，碲还可用于提高橡胶耐热性的添加剂、CPU 用的电子冷却器、太阳能电池等。此外，碲在激光束通过的瞬间，可以从晶体状态转变为非晶态，因此碲合金用于可重写光盘的记录层。

小知识 奥地利矿物学家赖兴施泰因在金矿石中发现了碲，随后德国化学家克拉普罗特（也是铀的发现者）确认了这种新元素，于 1798 年将其命名为碲。

I
Iodine

	1																2
	3	4									5	6	7	8	9	10	
	11	12									13	14	15	16	17	18	
	19	20	21	22	23	24	25	26	27	28	29	30	31	32	33	34	35	36
	37	38	39	40	41	42	43	44	45	46	47	48	49	50	51	52	**53**	54
	55	56		72	73	74	75	76	77	78	79	80	81	82	83	84	85	86
	87	88		104	105	106	107	108	109	110	111	112	113	114	115	116	117	118

| 57 | 58 | 59 | 60 | 61 | 62 | 63 | 64 | 65 | 66 | 67 | 68 | 69 | 70 | 71 |
| 89 | 90 | 91 | 92 | 93 | 94 | 95 | 96 | 97 | 98 | 99 | 100 | 101 | 102 | 103 |

◆ 发现：贝尔纳·库尔图瓦（1811 年）
◆ 类别：卤素　原子量：126.90447
◆ 熔点：114℃　沸点：184℃
◆ 主产地：智利、日本、美国

碘
消毒药剂中常见的元素

⬅碘的熔点和沸点都比较低，将固体碘加热后很快就会变成紫色的蒸气。

⬆产自澳大利亚的碘银矿（AgI）。

⬇带金属光泽的紫黑色碘晶体。

⬆碘化钾水溶液漱口剂，利用了碘的抗菌作用。

　　碘作为日常药剂的成分而为人熟知，有碘化钾水溶液的漱口剂和用于消毒的碘酒等。在标准状况下，碘单质是紫黑色的固态非金属，具有从固体直接变成气体的性质（升华）。碘可以从海水中提炼出来，因为大量海藻类都富含碘元素。

　　碘也是人体必需的元素。甲状腺分泌的甲状腺激素中含有碘元素，可促进身体发育。但摄取过多的碘也会适得其反。在切尔诺贝利核事故中，核裂变产生的放射性同位素碘 −131 在周边居民的甲状腺中积聚，导致当地的甲状腺癌发病率奇高。

小知识 1811 年，法国化学家库尔图瓦在焚烧海藻的灰烬中发现了碘。两年后，法国科学家盖 - 吕萨克帮忙确认了这种新元素，并根据其蒸气的颜色，以希腊语中的 iode（意为"紫色"）一词命名了该元素。

		1											2
		3	4				5	6	7	8	9	10	
		11	12				13	14	15	16	17	18	
		19	20	21	22	23	24	25	26	27	28	29	30	31	32	33	34	35	36
		37	38	39	40	41	42	43	44	45	46	47	48	49	50	51	52	53	**54**
		55	56	57	104	105	106	107	108	109	110	111	112	113	114	115	116	117	118

| 57 | 58 | 59 | 60 | 61 | 62 | 63 | 64 | 65 | 66 | 67 | 68 | 69 | 70 | 71 |
| 89 | 90 | 91 | 92 | 93 | 94 | 95 | 96 | 97 | 98 | 99 | 100 | 101 | 102 | 103 |

54

Xe
Xenon

◇ 发现：威廉·拉姆齐 & 莫里斯·特拉弗斯
（1898 年）
◇ 类别：稀有气体　◇ 原子量：131.293
◇ 熔点：-112℃　◇ 沸点：-108℃
◇ 大气含量：约 0.0000087%

氙
用于离子发动机的元素

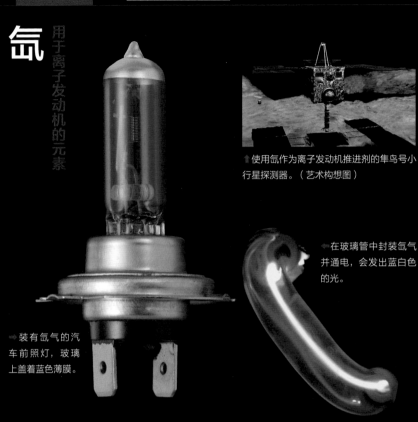

⬆ 使用氙作为离子发动机推进剂的隼鸟号小行星探测器。（艺术构想图）

➡ 在玻璃管中封装氙气并通电，会发出蓝白色的光。

➡ 装有氙气的汽车前照灯，玻璃上盖着蓝色薄膜。

　　氙是一种无色无味、密度较大的惰性气体。封装氙气的灯在通电后会发出非常明亮的蓝白光，被用于投影仪、内窥镜、汽车前照灯等。因为不使用灯丝，所以氙气灯比白炽灯的寿命更长。

　　氙还被用作离子发动机的推进剂。离子发动机通过将氙转化为等离子体并将其高速喷出来获得推进力。离子发动机的推进效率极高，只需少量的推进剂就能达到很高的最终速度，从而完成漫长的太空旅行。日本的隼鸟号小行星探测器就装有离子发动机，只用了几十千克的氙气就完成了约 60 亿千米的星际旅程。

小知识 威廉·拉姆齐和助手莫里斯·特拉弗斯从液化空气的蒸发残留物中发现了氙。氙元素的名称 Xenon 源于希腊语 xenos，意思是"外来者、陌生人"。

元素的色彩故事

元素独有的化学身份证

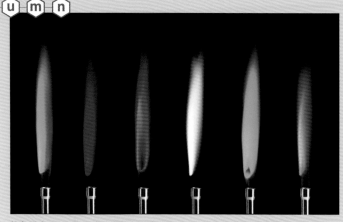

焰色反应可以显示元素固有颜色，我们可以快速区分外观相似的糖和盐。图中从左到右依次展示的焰色为：钡（绿色）、锂（鲜红色）、锶（深红色）、钠（黄色）、铜（青绿色）、钾（紫色）。此外，钙元素显示为橙红色。

根据光线的波长不同，我们可以看到不同的颜色。物体种类不一样，呈现的颜色自然也就不一样。但有些颜料，如钴蓝，虽然含有元素名称，但并不代表钴是蓝色的，这是元素化合物燃烧产生的颜色，钴单质依然是银白色的金属。

金属元素成为化合物后，分子排列发生变化，光的吸收和反射方式发生变化，进而产生特有的色彩。钴蓝是由氧化钴和氢氧化铝组成的无机颜料，镉黄是由硫化镉组成的无机颜料（注意镉是有毒的），钛白由二氧化钛制成，铬红由铬酸铅和铬酸钾制成。

此外，每种金属元素在高温火焰中都表现出特有的颜色，这被称为焰色反应。这种反应常被用于烟花着色，但在科学史上，科学家也常常利用焰色反应来鉴别新的元素。

颜色是确认元素的重要手段之一。另外还有向石灰水中吹气（内含二氧化碳）使其变白等沉淀反应，以及用 X 射线照射物体产生荧光的 X 射线荧光分析等，这些方法均可用于化学鉴定。

放射性元素

发生衰变的不稳定元素

碳定年法是一种放射性年代测定法，通过测量样本中碳 –14 的含量来推算化石的年代。它是古生物学中基本的测年方法之一。

说到放射性元素，大家可能会想到一些特别的元素，比如原子弹中的铀、钚。但是身边的元素中，也有不少会发出微量辐射。人体的重要组成部分蛋白质由氢、碳、氮、氧、磷等组成，所有这些元素都存在具有放射性的同位素（即放射性同位素）。

例如，大气中的碳元素，有约 99% 的碳原子由 6 个质子和 6 个中子组成，约 1% 由 6 个质子和 7 个中子组成（还有约一万亿分之一的碳原子有 6 个质子和 8 个中子）。具有相同原子序数（即质子数相同），但中子数不同的原子种类被称为同位素，如碳 –14 就是碳的放射性同位素。

同位素大致分为稳定同位素和放射性同位素两种。稳定同位素是半永久存在的，因为原子核已构成了一个稳定的体系。

而那些原子核不稳定的原子就是放射性同位素，它们的原子核会随着时间的推移发出 α 射线或 β 射线等辐射而衰变，变成另一种原子核（见下页图）。放射性原子核数衰减一半所需的理论时间叫作"半衰期"。每个放射性同位素都有半衰期，即便

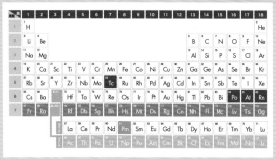

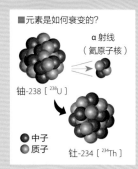

■ 元素是如何衰变的?

α 射线
（氦原子核）

铀-238〔^{238}U〕

● 中子
● 质子

钍-234〔^{234}Th〕

在元素周期表中没有稳定同位素的放射性元素如上图所示。第43号元素锝（Tc）和第61号元素钷（Pm）是在周期表前段但具有放射性的人造元素。之后从钋到超铀元素，全部都是只有放射性同位素的元素。铋 -209 被认为是铋中最稳定的同位素，但也具有极微弱的放射性。2003 年进行的研究结果表明，铋 -209 的半衰期为 1900 亿亿年，是宇宙年龄的 10 亿倍以上！其微乎其微的放射性不会对生物造成任何影响，因此铋一般还是被视为稳定元素。

铀-238 的原子核在释放 α 射线后衰变为钍-234。这种衰变叫作 α 衰变，另外还有原子核释放电子（β 射线）的 β 衰变，释放光子（γ 射线）的 γ 衰变。不同原子核的衰变方式不同。

只是一瞬间的半衰期。还有像铋 -209 这样的放射性同位素，半衰期比地球年龄还长。

碳 -14 的半衰期约为 5730 年，因此可用于年代测定。所有的生物都通过呼吸作用在体内始终维持一定比例的碳同位素，但生物死后就不再有新的碳 -14 进入体内了。在生命停止后，碳 -14 开始衰变成氮，因此，只要确认死去的生物中碳 -14 的比例，就可以粗略估算出生命存在的年代。

还有其他放射性同位素可以通过食物进入生物体内，例如钾 -40。钾 -40 是人体中最常见的放射性同位素之一。但它的量非常小，可以忽略不计，而且由于人体的稳态保持功能，它的浓度几乎保持不变。

如果一种元素的所有同位素都具有放射性，那么该元素就被称为放射性元素，如铀和钍。元素周期表第七周期中的元素几乎都是利用粒子加速器或核反应堆合成的人造放射性元素。

2011 年发生的福岛第一核电站事故中，大量放射性元素被释放到大气中。其中铯 -137 的半衰期约有 30 年之久，它将长期停留在土壤和海洋中，并持续释放辐射。

55

Cs

Caesius

◆发现：罗伯特·本生 & 古斯塔夫·基尔霍夫
（1860 年）

◆类别：碱金属　◆原子量：132.90545196

◆熔点：29℃　◆沸点：671℃

◆主产地：加拿大等

铯

定义时间单位的元素

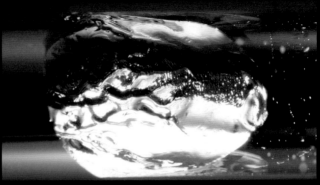

⬆氧化后呈金色的铯金属，但它最初其实是银白色的。铯在金属元素中熔点仅次于汞[⊖]，在常温下可以液化。

➡用铯–133 制作的英国铯原子钟。如今的计量学中，1 秒的时长是以铯原子的跃迁辐射频率为基准来定义的。

⬅产自巴基斯坦的铯榴石，化学式为 $(Cs,Na)_2Al_2Si_4O_{12} \cdot 2H_2O$。它是重要的铯矿石。

　　铯是一种化学性质极活泼的碱金属元素，即使少量的铯单质与水接触时也会发生爆炸。铯可以从锂云母等矿石中作为副产品而获得。1860 年，发明光谱仪的德国科学家本生和基尔霍夫从矿泉水中发现了铯，因为其发射光谱中有明亮的蓝色谱线，所以他们以拉丁语 caesius（意为"天蓝色"）为其命名。

　　在铯的 39 种同位素中，唯一稳定的同位素铯–133 被用于原子钟。放射性同位素铯–137 和铯–134 是福岛第一核电站事故后扩散到环境中的主要污染物。特别是铯–137，其半衰期约为 30 年，一旦进入人体内就会从内部造成辐射损害。

　　⊖　放射性元素钫可能有更低的熔点，但由于其放射性，难以分离足够的钫进行测试。镯和铁预测也有比铯低的熔点。——编者注

　　小知识 国际上对 1 秒时长的定义是"铯–133 原子在其基态的两个超精细能级之间跃迁时辐射的 9192631770 个周期的持续时间"。

Ba

Barium

56

◆发现：卡尔·威廉·舍勒（1774 年）
◆类别：碱土金属　◆原子量：137.327
◆熔点：727℃　◆沸点：1845℃
◆主产地：中国、印度、摩洛哥

钡

X射线造影剂的元素

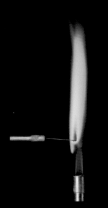

⬆钡在焰色反应中显绿色，硝酸钡也是绿色烟花的制作材料。

⬆产自秘鲁的重晶石，主要成分为硫酸钡（$BaSO_4$）。重晶石是钡元素的主要矿藏形式，密度很大，用紫外线照射时会发射荧光。

➡钡金属在空气中易被氧化而变成暗灰色。

➡产自英国的毒重石，主要成分为碳酸钡（$BaCO_3$）。顾名思义，吞食后会中毒。

　　钡的英语名称源自希腊语中意为"沉重"的 barys 一词，它是银白色碱土金属，由英国科学家戴维首先成功分离并命名。胃镜检查中用作造影剂的就是硫酸钡（俗称钡餐）。X 射线无法穿透含有大量电子的钡元素，而且硫酸钡是不溶性盐，吞服后不会被人体吸收，所以能清晰地显示出吞下钡餐后的肠胃形状。钡的其他化合物大多有毒，可溶且易被人体吸收。硝酸钡是绿色烟花的制作材料。

　　用中子辐照天然状态下的铀原子，就能检测出钡同位素。这一发现证实了铀的核裂变反应（一种典型的铀核裂变会生成钡和氪），并直接推动了二战中核武器的研发和应用。

小知识　1774 年，卡尔·威廉·舍勒发现重晶石（ $BaSO_4$ ）中含有一种新元素，但无法分离提纯，只能得到它的氧化物。1808 年，汉弗莱·戴维以此工作为基础，通过电解法成功分离出钡单质。

1									2
3	4			5	6	7	8	9	10
11	12			13	14	15	16	17	18
19	20	21	22	23	24	25	26	27	28	29	30	31	32	33	34	35	36
37	38	39	40	41	42	43	44	45	46	47	48	49	50	51	52	53	54
55	56		72	73	74	75	76	77	78	79	80	81	82	83	84	85	86
87	88		104	105	106	107	108	109	110	111	112	113	114	115	116	117	118

57 58 59 60 61 62 63 64 65 66 67 68 69 70 71
89 90 91 92 93 94 95 96 97 98 99 100 101 102 103

57

La
Lanthanum

◆发现：卡尔·古斯塔夫·莫桑德（1839 年）
◆类别：过渡金属、镧系元素
◆原子量：138.90547
◆熔点：918℃　◆沸点：3464℃
◆主产地：中国

镧
重要的储氢合金材料

←银白色的镧金属。其质地非常柔软，在空气中会很快氧化，所以要妥善密封保存。

➡添加了氧化镧的老式相机镜头。

←产自日本佐贺县的碳镧石，化学式为 $(Nd, La)_2(CO_3)_3 \cdot 8H_2O$。这是镧元素和钕元素的来源之一。

　　镧是银白色的金属元素，也是镧系元素。镧系元素是第 57 号元素镧到 71 号元素镥共 15 种化学性质相似的元素的统称。所有镧系元素均为稀土元素。镧的化学性质十分活泼，绝大多数镧都是从独居石和氟碳铈矿等矿石中获得的。在稀土元素中，镧在地壳中的含量仅次于铈和钕。

　　镧的应用广泛，氧化镧用于陶瓷电容器和高折射率的光学透镜。镧与镍的合金是著名的吸氢储氢材料。利用该特性，镧镍合金可用于制造镍氢电池、氢燃料汽车的燃料箱。与其他镧系元素一样，镧在生物体内的作用尚未研究清楚。

小知识　在贝采利乌斯的指导下，瑞典化学家莫桑德在铈化合物中发现了新元素。因为新元素混杂在铈矿里难以分离，所以莫桑德以希腊语中意为"躲藏"的 Lanthanein 一词将其命名为 Lanthanum。

Ce

Cerium

1																		2
3	4											5	6	7	8	9	10	
11	12											13	14	15	16	17	18	
19	20	21	22	23	24	25	26	27	28	29	30	31	32	33	34	35	36	
37	38	39	40	41	42	43	44	45	46	47	48	49	50	51	52	53	54	
55	56		72	73	74	75	76	77	78	79	80	81	82	83	84	85	86	
87	88		104	105	106	107	108	109	110	111	112	113	114	115	116	117	118	

| 57 | 58 | 59 | 60 | 61 | 62 | 63 | 64 | 65 | 66 | 67 | 68 | 69 | 70 | 71 |
| 89 | 90 | 91 | 92 | 93 | 94 | 95 | 96 | 97 | 98 | 99 | 100 | 101 | 102 | 103 |

◆ 发现：贝采利乌斯 & 希辛耶尔（1803 年）
◆ 类别：过渡金属、镧系元素
◆ 原子量：140.116
◆ 熔点：798℃　◆ 沸点：3443℃
◆ 主产地：中国

吸收紫外线的稀土元素

铈

➡ 打火石通常使用铈、镧和铁共混的合金。

铈是一种略带黄色的银灰色金属，在所有镧系元素中位居储量之首。铈最重要的化合物——氧化铈有多种用途，除了用作玻璃和电子部件的研磨剂，由于其具有吸收紫外线的特性，还可用于太阳镜、汽车窗户和化妆品。它也是黄色颜料的成分，用于陶器上色的釉剂。用于制造打火石的合金中含有约 50% 的铈。自然界中的铈元素主要存在于氟碳铈矿和独居石等稀土矿物中。

←银灰色的铈金属。化学性质活泼，在空气中容易被氧化。

Pr

Praseodymium

1																		2
3	4											5	6	7	8	9	10	
11	12											13	14	15	16	17	18	
19	20	21	22	23	24	25	26	27	28	29	30	31	32	33	34	35	36	
37	38	39	40	41	42	43	44	45	46	47	48	49	50	51	52	53	54	
55	56		72	73	74	75	76	77	78	79	80	81	82	83	84	85	86	
87	88		104	105	106	107	108	109	110	111	112	113	114	115	116	117	118	

| 57 | 58 | 59 | 60 | 61 | 62 | 63 | 64 | 65 | 66 | 67 | 68 | 69 | 70 | 71 |
| 89 | 90 | 91 | 92 | 93 | 94 | 95 | 96 | 97 | 98 | 99 | 100 | 101 | 102 | 103 |

◆ 发现：卡尔·奥尔·冯·韦尔斯巴赫（1885 年）
◆ 类别：过渡金属、镧系元素
◆ 原子量：140.90766
◆ 熔点：935℃　◆ 沸点：3130℃
◆ 主产地：中国

用于焊接护目镜和绿色颜料的元素

镨

镨是一种银色的软金属，与钕一起从镨钕混合物中被发现，氧化后呈现绿色，因此镨和钕也被称为"绿色的双胞胎"。镨元素主要用作颜料或陶瓷的黄绿色系釉料。工业用途有飞机发动机材料的合金添加剂、可以放大信号的光缆材料、吸收红外线的焊接护目镜等。它也被用作易加工、不易生锈的镨磁铁原料，但由于镨价格昂贵，现在钕磁铁更为普及。含镨的矿物主要是独居石和氟碳铈矿。

↑柔软的镨金属。

←添加了氧化镨的绿色玻璃珠。

小知识　与瑞典化学家贝采利乌斯等人同时期发现铈的还有德国化学家克拉普罗特。铈是以 1801 年发现的小行星谷神星（Ceres）命名的。

1																	2
3	4											5	6	7	8	9	10
11	12											13	14	15	16	17	18
19	20	21	22	23	24	25	26	27	28	29	30	31	32	33	34	35	36
37	38	39	40	41	42	43	44	45	46	47	48	49	50	51	52	53	54
55	56		72	73	74	75	76	77	78	79	80	81	82	83	84	85	86
87	88		104	105	106	107	108	109	110	111	112	113	114	115	116	117	118

▶ | 57 | 58 | 59 | **60** | 61 | 62 | 63 | 64 | 65 | 66 | 67 | 68 | 69 | 70 | 71 |
∷ | 89 | 90 | 91 | 92 | 93 | 94 | 95 | 96 | 97 | 98 | 99 | 100 | 101 | 102 | 103 |

60 **Nd** Neodymium

◆发现：卡尔·奥尔·冯·韦尔斯巴赫（1885 年）
◆类别：过渡金属、镧系元素
◆原子量：144.242
◆熔点：1021℃　◆沸点：3074℃
◆主产地：中国

永磁铁的金属元素

钕

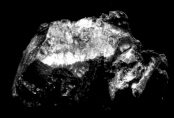

钕是一种银白色的金属元素，与镨一起被发现，被称为"新的双胞胎"。具有强大磁力的钕磁铁是由钕、铁、硼制成的，最先由日本发明制造。除了用在高性能电机、扬声器、风力涡轮机、混合动力汽车、耳机、麦克风等，钕还可以和镨一样用作颜料。钕单质可以用作超导体材料和 YAG 激光器的添加剂。

⬆柔软的钕金属，在空气中容易被氧化。

⬅添加了氧化钕的蓝色玻璃珠。

1																	2
3	4											5	6	7	8	9	10
11	12											13	14	15	16	17	18
19	20	21	22	23	24	25	26	27	28	29	30	31	32	33	34	35	36
37	38	39	40	41	42	43	44	45	46	47	48	49	50	51	52	53	54
55	56		72	73	74	75	76	77	78	79	80	81	82	83	84	85	86
87	88		104	105	106	107	108	109	110	111	112	113	114	115	116	117	118

▶ | 57 | 58 | 59 | 60 | **61** | 62 | 63 | 64 | 65 | 66 | 67 | 68 | 69 | 70 | 71 |
∷ | 89 | 90 | 91 | 92 | 93 | 94 | 95 | 96 | 97 | 98 | 99 | 100 | 101 | 102 | 103 |

61 ☢ **Pm** Promethium

◆发现：雅各布·A.马林斯基等（1945 年）
◆类别：过渡金属、镧系元素
◆原子量：[145]
◆熔点：1042℃　◆沸点：3000℃
◆主产地：—

镧系元素中唯一的放射性元素

钷

以希腊神话中的普罗米修斯命名的银白色金属钷，是镧系元素中唯一的放射性元素。钷的所有同位素都具有放射性。除从铀核裂变中得到以外，在天然铀矿石中也含有极微量的钷。由于钷具有放射性，在黑暗中会发出蓝色的光，因此它曾被用作钟表表盘等的夜光涂料，但出于安全问题考虑，目前已不再使用。除了研究用，钷还用于宇宙探测器中的核电池等。

⬆含有钷元素的发光涂料。它会在黑暗中发出蓝色的夜光。

小知识　61 号元素钷一度被视为谜团。1945 年，马林斯基、科耶尔和格伦德宁在美国橡树岭国家实验室核反应堆中回收的裂变产物中发现了钷。

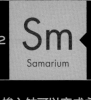

62

Sm

Samarium

◆发现：保罗·德布瓦博德兰（1879 年）
◆类别：过渡金属、镧系元素
◆原子量：150.36
◆熔点：1074℃ ◆沸点：1900℃
◆主产地：中国

掺入钴可以变成永磁体的元素

钐

　　钐和镨、钕一样被用作磁铁原料，钐钴合金磁铁可以成为磁力强劲的永磁体。虽然钐钴合金比钕磁铁贵，但具有很强的抗腐蚀和抗氧化性，被广泛应用在航空航天、国防军工等领域。放射性同位素钐-146（^{146}Sm）的半衰期约 6800 万年，有助于从岩石样品中推测太阳系行星的年龄。

➡ 又硬又脆的银白色钐金属。

63

Eu

Europium

◆发现：尤金·德马塞（1896 年）
◆类别：过渡金属、镧系元素
◆原子量：151.964
◆熔点：822℃ ◆沸点：1529℃
◆主产地：中国

鲜艳的红色荧光粉原料

铕

　　铕在所有稀土元素中的产量最少。它被用作彩电内阴极射线管的红色荧光粉（同属稀土元素的铈产生蓝色，铽产生绿色）。目前铕的应用有 LED 灯泡、三波长型荧光灯等。在印刷欧元纸币的过程中会使用含铕的荧光墨水以防止伪造。

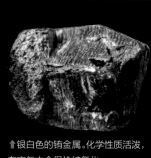

⬆银白色的铕金属。化学性质活泼，在空气中会很快被氧化。

⬅由铕组成的荧光粉。

小知识 法国化学家保罗·德布瓦博德兰首次从铌钇矿中分离出钐的氧化物。同样来自法国的化学家尤金·德马塞在研究钐样品时确定了新的元素，并以 Europe（欧洲）一词将其命名为 Europium（铕）。

64	**Gd** Gadolinium																			

◆发现：德马里尼亚（1880 年）
◆类别：过渡金属、镧系元素
◆原子量：157.25
◆熔点：1313℃　◆沸点：3000℃
◆主产地：中国

用于制作核磁共振造影剂和核反应堆控制棒

钆

⬇质地柔软的银白色钆金属，具有良好的延展性。与水反应会变色。

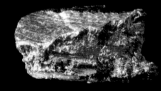

钆是常温下具有高磁性的柔软金属。X 射线照相胶片涂覆了钆元素以提高灵敏度。此外，在使用磁共振成像（MRI）进行体内断层扫描时，如果将钆化合物作为造影剂注入体内，对比度就会变得更清晰。钆吸收中子的能力极强，因此也在核反应堆中用来抑制铀的裂变，控制反应速度。在核电站中，用于核反应堆的核燃料中会加入一部分的氧化钆。

➡磁共振成像（MRI）正在对大脑进行断层扫描。钆在其中被用作造影剂。

65	**Tb** Terbium																			

◆发现：卡尔·古斯塔夫·莫桑德尔（1843 年）
◆类别：过渡金属、镧系元素
◆原子量：158.92535
◆熔点：1356℃　◆沸点：3230℃
◆主产地：中国

磁致收缩的合金材料

铽

⬇质地非常柔软的银白色铽金属。在空气中稳定存在，但能慢慢溶解在水中。

铽是一种略带黄色的银灰色金属，在独居石和磷钇矿中存在少量共生的铽。铽主要用于制作阴极射线管的绿色荧光粉和磁光盘。另一个有趣的应用是，铽合金具有"磁致伸缩"的性质，即磁体被磁化后，其形状、大小会发生变化。该合金也用于喷墨打印机的打印头。铽元素的名称源于发现钇、镱、铒、铽等元素的瑞典伊特比村（Ytterby）。

⬅添加了铽元素的玻璃珠。

小知识　瑞士科学家德马里尼亚通过光谱分析发现了错钕混合物中的新元素钆，后来法国的德布瓦博德兰成功分离出了该元素的金属单质，并以矿物学家加多林（J. Gadonlin）的名字给这个新元素命名为 Gadolinium。

Dy
Dysprosium

◆ 发现：保罗·德布瓦博德兰（1886 年）
◆ 类别：过渡金属、镧系元素
◆ 原子量：162.500
◆ 熔点：1412℃　◆ 沸点：2567℃
◆ 主产地：中国

电动汽车市场需求火热的元素

镝

⬅使用镝荧光涂料的紧急出口指示灯。

　　镝具有蓄光性。利用这种性质制造出的"镝灯"具有高光效、高显色度、长寿命的特点。镝灯内有不产生放射性物质而自发光的安全荧光涂料，常被作为紧急出口等的指示灯。此外，用于电动汽车电机的钕磁铁还添加了镝以提高耐热性，未来镝元素的市场需求将越来越大。

⬆银白色有光泽的镝金属。在空气中也能稳定存在，具有很强的磁性。

Ho
Holmium

◆ 发现：佩尔·提奥多·克利夫（1879 年）
◆ 类别：过渡金属、镧系元素
◆ 原子量：164.93033
◆ 熔点：1474℃　◆ 沸点：2700℃
◆ 主产地：中国

医疗行业大放异彩的元素

钬

　　钬是一种柔软的银白色金属，其名称 Holmium 与发现者克利夫的出生地斯德哥尔摩的古拉丁名 Holmia 有关。添加了钬元素的医用 YAG 激光器不容易产热，因此在进行切除手术的同时不会对患部造成很大的伤害。例如，在破碎结石和治疗白内障的手术中，可以在不出血的情况下切除组织。将氧化钬与玻璃混合时，玻璃的颜色会变成浅黄色，因此氧化钬可用作玻璃着色剂。钬的磁性很强，也被用作工业用磁铁材料。

➡柔软且具有延展性的钬金属。在独居石和硅铍钇矿等稀土矿物中含有微量的钬元素。

小知识 在克利夫独立发现钬的同时，瑞士化学家德拉方丹和索里特也通过光谱分析发现了钬。镝则常常混杂在含钬的物质中，很难被找到，所以镝元素的名称 Dysprosium 源于希腊语 dysprositos（意为"难以取得"）。

68

Er

Erbium

1																	2
3	4											5	6	7	8	9	10
11	12											13	14	15	16	17	18
19	20	21	22	23	24	25	26	27	28	29	30	31	32	33	34	35	36
37	38	39	40	41	42	43	44	45	46	47	48	49	50	51	52	53	54
55	56	57	72	73	74	75	76	77	78	79	80	81	82	83	84	85	86
87	88	89	104	105	106	107	108	109	110	111	112	113	114	115	116	117	118

▶ 57 58 59 60 61 62 63 64 65 66 67 **68** 69 70 71
89 90 91 92 93 94 95 96 97 98 99 100 101 102 103

◆ 发现：卡尔·古斯塔夫·莫桑德尔（1843 年）
◆ 类别：过渡金属、镧系元素
◆ 原子量：167.259
◆ 熔点：1529℃　◆ 沸点：2868℃
◆ 主产地：中国

光纤中的必需元素

铒

⬇银白色的铒金属。质地柔软，有延展性。

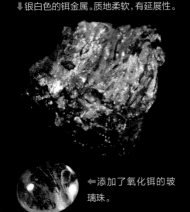

　　和铽一样，铒元素的名称也来源于瑞典伊特比村（Ytterby）。铒是一种银白色的稀土元素。当光穿过掺铒的光纤时，光的能量得到增强，从而能实现长距离的光通信。这种"掺铒光纤"被广泛用于互联网等高速光通网络。除此之外，氧化铒用作玻璃着色剂时，可得到美丽的粉红色玻璃。氧化铒也用于墨镜和珠宝首饰的着色。

◀添加了氧化铒的玻璃珠。

69

Tm

Thulium

1																	2
3	4											5	6	7	8	9	10
11	12											13	14	15	16	17	18
19	20	21	22	23	24	25	26	27	28	29	30	31	32	33	34	35	36
37	38	39	40	41	42	43	44	45	46	47	48	49	50	51	52	53	54
55	56	57	72	73	74	75	76	77	78	79	80	81	82	83	84	85	86
87	88	89	104	105	106	107	108	109	110	111	112	113	114	115	116	117	118

▶ 57 58 59 60 61 62 63 64 65 66 67 68 **69** 70 71
89 90 91 92 93 94 95 96 97 98 99 100 101 102 103

◆ 发现：佩尔·提奥多·克利夫（1879 年）
◆ 类别：过渡金属、镧系元素
◆ 原子量：168.93422
◆ 熔点：1545℃　◆ 沸点：1950℃
◆ 主产地：中国

用于光纤和荧光粉的元素

铥

　　铥是现代网络社会中非常重要的元素，也是地壳中含量最少的稀土元素之一。与铒一样，它被添加到光纤中，发挥着增强光线能量的作用。不过，铥作用于与铒不同的光频，因此通过组合使用铥和铒这两种元素，可以将宽频带光线用于通信。此外，吸收了辐射能量的铥在加热后会产生荧光，利用此性质铥也用于制作辐射剂量仪和蓝色荧光发射体材料。

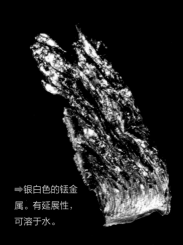

➡银白色的铥金属。有延展性，可溶于水。

小知识 瑞典化学家克利夫在分析其他稀土元素的氧化物中的杂质时发现了新元素铥。它是以 Thule 命名的，意思是"极北之地"，也是克利夫的家乡斯堪的纳维亚半岛的古名。铥作为杂质成分存在于许多稀土矿物中。

Yb
Ytterbium

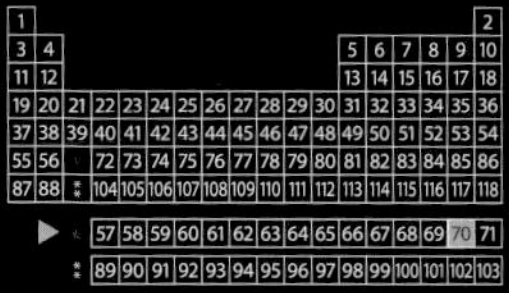

◆发现：查尔斯 & 德马里尼亚（1878 年）
◆类别：过渡金属、镧系元素
◆原子量：173.045
◆熔点：819℃　◆沸点：1196℃
◆主产地：中国

来自瑞典矿区的稀土金属

镱

镱是一种银白色金属，其名称也与瑞典伊特比村（Ytterby）有关。镱元素主要包含在稀土金属矿物中，例如独居石和磷钇矿。除了用于将玻璃着色为黄绿色，它还被添加进 YAG 激光器中，也用于创造测量冲击波的地震应力计。镱同位素衰变释放的伽马射线可用于无损检测装置，光缆中添加镱也可实现光线增强的效果。

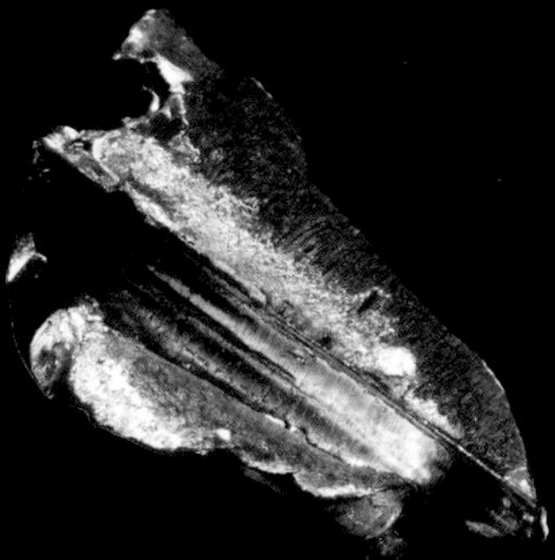

⬆柔软且有延展性的镱金属。它甚至能与微量的空气或水发生反应，所以需要妥善密封保存。

Lu
Lutetium

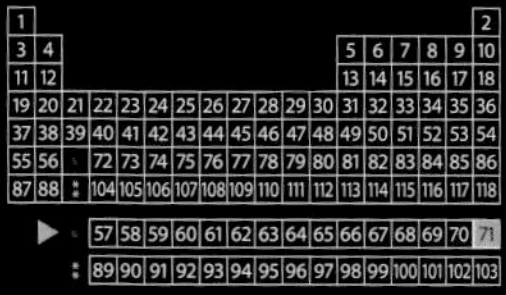

◆发现：卡尔·奥尔·冯·韦尔斯巴赫（1905 年）
◆类别：过渡金属、镧系元素
◆原子量：174.9668
◆熔点：1663℃　◆沸点：3402℃
◆主产地：中国

比纯金还要贵重的稀土元素

镥

⬇银白色的镥金属。镥元素常作为杂质元素存在于黑稀金矿或褐钇铌矿中。

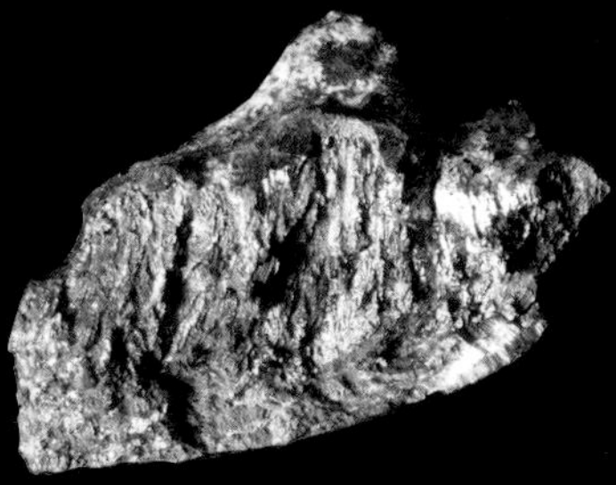

镥是镧系元素的最后一种元素。与钇一样，镥的地壳丰度在所有镧系元素中排名很靠后。它比金和铂的储量要多，但由于分离工艺费时费力，所以成本非常高，工业用途较少。在医学领域，镥被用作正电子断层扫描（PET）装置中正电子测量的荧光体（通过辐射发射光的荧光物质）。此外，在石油精炼厂中，镥被用作石油产品分解反应的触媒。

小知识 镥最早由法国化学家乔治·于尔班成功分离出来。镥元素的名称 Lutetium 源自于尔班的出生地巴黎的古拉丁名 Lutetia。

1																	2
3	4											5	6	7	8	9	10
11	12											13	14	15	16	17	18
19	20	21	22	23	24	25	26	27	28	29	30	31	32	33	34	35	36
37	38	39	40	41	42	43	44	45	46	47	48	49	50	51	52	53	54
55	56		72	73	74	75	76	77	78	79	80	81	82	83	84	85	86
87	88		104	105	106	107	108	109	110	111	112						

| 57 | 58 | 59 | 60 | 61 | 62 | 63 | 64 | 65 | 66 | 67 | 68 | 69 | 70 | 71 |
| 89 | 90 | 91 | 92 | 93 | 94 | 95 | 96 | 97 | 98 | 99 | 100 | 101 | 102 | 103 |

72

Hf
Hafnium

◆ 发现：科斯特＆德海韦西（1923 年）
◆ 类别：过渡金属　◆ 原子量：178.49
◆ 熔点：2233℃　◆ 沸点：4603℃
◆ 主产地：南非、澳大利亚

铪
一种类似锆的金属元素

➡ 金属铪单质。耐蚀性强，在表面会形成氧化膜。碳化铪等化合物的熔点非常高。

◀ 锆石（$ZrSiO_4$）中通常含有 1%~4% 的铪元素作为杂质组分。

▲ 等离子体炬电极用高温等离子体电弧切割金属。金属铪被嵌在尖端部分的中心位置。

铪是银色金属元素，与同属第 4 族的锆元素化学性质相似。铪作为杂质成分存在于锆石等矿物中。铪主要用于制作喷气发动机上的超耐热合金或电极和真空管等。此外，锆几乎不吸收中子，而同族的铪对中子有较好的吸收能力。因此，锆常被用于制作核反应堆中铀燃料棒的覆膜，而铪则被用于制作核反应堆的控制棒。

在尼尔斯·玻尔理论的指导下，1923 年，迪尔克·科斯特和乔治·德海韦西成功发现了铪元素，并以尼尔斯·玻尔研究所所在的城市哥本哈根的拉丁语名 Hafnia 命名。

小知识 科斯特和德海韦西通过 X 射线光谱分析发现了新元素铪，并通过反复重结晶成功分离出金属铪单质。德海韦西后来因铅的放射性同位素示踪技术获得诺贝尔化学奖。

Ta
Tantalum

1						2

钽

电子设备中必不可少的稀有金属

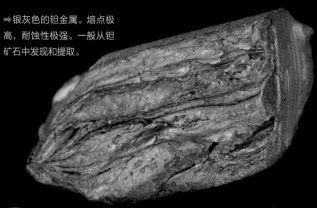

➡银灰色的钽金属。熔点极高，耐蚀性极强。一般从钽矿石中发现和提取。

◀一枚哈萨克斯坦纪念币，由金属钽（中央）和银（外周）铸造而成。

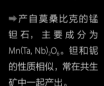

➡产自莫桑比克的锰钽石，主要成分为 $Mn(Ta, Nb)_2O_6$。钽和铌的性质相似，常在共生矿中一起产出。

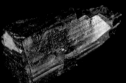

➡钽电容器。它的介电常数非常高，是现代数码设备的必备部件。

　　由于钽电容器体积小、电容大，对于电子设备的小型化至关重要，因此广泛用于手机、电脑等产品中，钽也就此成为电子产业中最重要的金属元素之一。由于智能手机的普及，钽的需求急剧增长，价格也水涨船高。由于钽对人体几乎无害，因此还可以用于制作牙齿植入物、人工骨骼、人工关节等医疗材料。

　　钽的确切储量尚不清楚，但在世界上最大的钽矿产地位于刚果（金），钽也被称为冲突矿产，当地各方势力围绕钽矿展开激烈争夺。目前市场上的钽资源开采主要集中在澳大利亚。

小知识 钽元素的名称 Tantalum 源于希腊神话中的宙斯之子坦塔罗斯（Tantalus）。神话中，坦塔罗斯惹恼了众神，受到了想喝水却喝不到的痛苦惩罚。钽以此得名体现了钽的分离提纯过程异常艰难。

◆ 发现：德卢亚尔兄弟（1783 年）
◆ 类别：过渡金属　　◆ 原子量：183.84
◆ 熔点：3422℃　　◆ 沸点：5555℃
◆ 主产地：中国、俄罗斯、加拿大

钨

具有优异耐热性和强度的钯元素

➡ 白炽灯内的钨丝正是
利用了钨的高耐热性。

　　钨在瑞典语中是"重石"（白钨矿）的意思，意为沉重且坚固的金属。钨在所有金属中的熔点最高，易于加工，因此一直被用于制作白炽灯的灯丝。白炽灯只会将电能的 10% 左右转化为可见光，大部分电能会以热能或红外线的形式释放出去，所以现在白炽灯正在被更节能环保的 LED 灯所取代。

　　钨加入到钢材中形成的铁钨合金强度颇高，因此可以用于制作钻头。碳化钨是具有代表性的硬质合金，常被用于制作切削工具的刀片、穿甲弹弹芯、坦克的装甲、圆珠笔尖端的圆珠、链球等。

小知识　钨在英语中被称为 Tungsten，源于瑞典语中的"重石"；在德语中被称为 Wolfram；在瑞典语中被称为 Volfram。

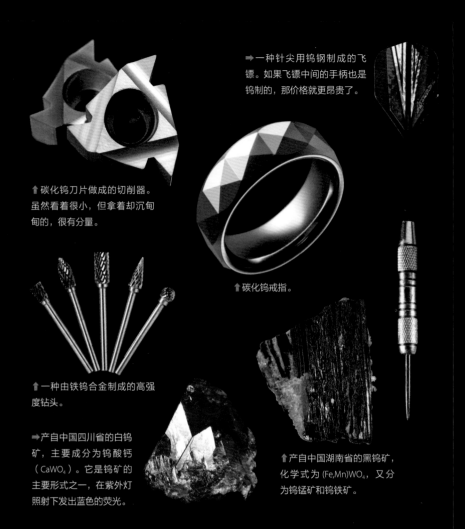

➡一种针尖用钨钢制成的飞镖。如果飞镖中间的手柄也是钨制的，那价格就更昂贵了。

⬆碳化钨刀片做成的切削器。虽然看着很小，但拿着却沉甸甸的，很有分量。

⬆碳化钨戒指。

⬆一种由铁钨合金制成的高强度钻头。

➡产自中国四川省的白钨矿，主要成分为钨酸钙（CaWO$_4$）。它是钨矿的主要形式之一，在紫外灯照射下发出蓝色的荧光。

⬆产自中国湖南省的黑钨矿，化学式为 (Fe,Mn)WO$_4$，又分为钨锰矿和钨铁矿。

　　1781 年，卡尔·舍勒从被称为"重石"的矿物中分离出氧化钨。两年后的 1783 年，西班牙的德卢亚尔兄弟用木炭还原了从黑钨矿（Wolframite）中精制出的氧化钨，从而成功分离出了金属钨。

　　钨元素的符号 W 是其德语名称"Wolfram"的首字母，来源于上面提到的黑钨矿。这种矿石又被称为"狼泡"，常与锡矿伴生，锡被提炼出以后它就变成了残渣，好像被狼吞噬了一样。

小知识 像钨锰矿和钨铁矿这样混有性质相似的元素成分的矿物被称为固溶体。在这种情况下，可以基于铁或锰的组分含量来识别矿物种类。

75

Re

Rhenium

1																	2
3	4										5	6	7	8	9	10
11	12										13	14	15	16	17	18
19	20	21	22	23	24	25	26	27	28	29	30	31	32	33	34	35	36
37	38	39	40	41	42	43	44	45	46	47	48	49	50	51	52	53	54
55	56	*	72	73	74	75	76	77	78	79	80	81	82	83	84	85	86
87	88	‡	104	105	106	107	108	109	110	111	112	113	114	115	116	117	118

*	57	58	59	60	61	62	63	64	65	66	67	68	69	70	71
‡	89	90	91	92	93	94	95	96	97	98	99	100	101	102	103

◆发现：瓦尔特·诺达克、伊达·诺达克、奥托·伯格（1925 年）
◆类别：过渡金属　◆原子量：186.207
◆熔点：3186℃　◆沸点：5596℃
◆主产地：智利、美国、波兰

铼

元素发现史上的乌龙事件

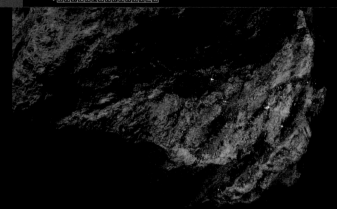

⬆科学家于 1994 年首次在伊图鲁普岛上发现天然的稀有铼矿（ReS₂），可以看到表面有光泽的颗粒状晶体。

⬆纯度为 99.5% 的铼金属板，铼单质的外观是银灰色的金属。

➡用铼粉末压制而成的铼片。

⬆涡轮叶片使用了铼合金的 F119 涡轮风扇发动机正在接受工作测试。

　　铼是被发现得最晚的天然元素。铼的硬度极高，在所有金属中熔点也仅次于钨。由于稀少且昂贵，铼主要用于制作喷气发动机部件的添加剂、质谱仪的灯丝、触媒、测量超高温度用的热电偶等。

　　1906 年，日本科学家小川正孝宣布发现了第 43 号元素，并将其命名为 Nipponium，以纪念其祖国日本，但一直没有得到其他人的确认。1925 年，德国的瓦尔特·诺达克、伊达·诺达克、奥托·伯格在铂矿和锟铁矿中发现了一种新元素，并以流经德国的莱茵河的拉丁名称 Rhein 将其命名为铼（Rhenium）。目前，辉钼矿是铼的主要商业开采来源，其中有 0.2% 左右的铼作为杂质成分。

小知识 1906 年，正在伦敦大学留学的小川正孝将新发现的元素命名为 Nipponium（Np）并发表了这一发现，但由于其他科学家无法再次确认，这一发现被驳回。经后人重新调查，小川正孝发现的并不是 43 号元素（即锝），而是 75 号元素铼，这一发现比德国科学家的发现早了近 20 年。顺带一提，Np 在今天是第 93 号元素镎的化学符号。

Os
Osmium

1																	2
3	4											5	6	7	8	9	10
11	12											13	14	15	16	17	18
19	20	21	22	23	24	25	26	27	28	29	30	31	32	33	34	35	36
37	38	39	40	41	42	43	44	45	46	47	48	49	50	51	52	53	54
55	56	57	72	73	74	75	76	77	78	79	80	81	82	83	84	85	86
87	88	89	104	105	106	107	108	109	110	111	112	113	114	115	116	117	118

	57	58	59	60	61	62	63	64	65	66	67	68	69	70	71
	89	90	91	92	93	94	95	96	97	98	99	100	101	102	103

◆发现：史密森·特南特（1803 年）
◆类别：过渡金属、铂系元素
◆原子量：190.23
◆熔点：3033℃　◆沸点：5012℃
◆主产地：南非、俄罗斯

锇
密度最大的金属元素

←纯度 99.97% 的锇金属。每立方厘米约 22.6 克，是密度最大的金属元素。

⬆陈旧的锇制唱针，现在的唱针通常使用钻石或蓝宝石制作。

➡天然产生的砂状合金，内含 50% 的铱和 25% 的锇。

　　锇是一种散发着蓝色光泽的银白金属，与铱一起从铂的溶解残留物中被发现。锇的密度是所有金属中最大的，熔点仅次于钨和铼。锇铱合金质地坚硬，耐蚀性优异，因此常被用于制作钢笔的笔尖等。锇铱合金也根据锇或铱的比例不同而具有不同的性质。

　　锇元素的名称 Osmium 与希腊语中的 osme（"臭味"）一词有关。金属锇加热后会与空气中的氧气发生反应生成四氧化锇（OsO₄），散发出强烈的恶臭气味。四氧化锇被用于指纹检测和化学实验。但是，由于四氧化锇是剧毒化合物，且有极强挥发性，所以使用时务必要当心。

小知识 四氧化锇有剧毒，而二氧化锇和锇金属没有毒性。锇在铂系元素中熔点最高，奥地利的韦尔斯巴赫曾发明出用锇作为灯丝的灯泡，但不久就被淘汰了。

Ir

Iridium

1																2
3	4										5	6	7	8	9	10
11	12										13	14	15	16	17	18
19	20	21	22	23	24	25	26	27	28	29	30	31	32	33	34	35	36
37	38	39	40	41	42	43	44	45	46	47	48	49	50	51	52	53	54
55	56	:	72	73	74	75	76	77	78	79	80	81	82	83	84	85	86
87	88	:	104	105	106	107	108	109	110	111	112	113	114	115	116	117	118

| : | 57 | 58 | 59 | 60 | 61 | 62 | 63 | 64 | 65 | 66 | 67 | 68 | 69 | 70 | 71 |
| : | 89 | 90 | 91 | 92 | 93 | 94 | 95 | 96 | 97 | 98 | 99 | 100 | 101 | 102 | 103 |

◆发现：史密森·特南特（1803 年）
◆类别：过渡金属、铂系元素
◆原子量：192.217
◆熔点：2446℃　◆沸点：4428℃
◆主产地：南非、俄罗斯

铱

破解恐龙灭绝谜题的元素

⬆在意大利发现的含 K-Pg 界线的岩石。中间硬币所处的含铱黏土层，将中生代和新生代区分开来。

➡一种汽车发动机火花塞，其尖端中心电极使用铑铱合金。

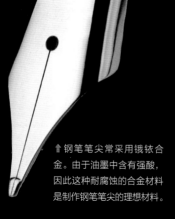

⬆钢笔笔尖常采用锇铱合金。由于油墨中含有强酸，因此这种耐腐蚀的合金材料是制作钢笔笔尖的理想材料。

　　铱在所有金属中最耐腐蚀，也最坚硬，其密度仅次于锇。铱在地球上极其稀少。锇铱合金耐磨损耐腐蚀，因此常被用于制作钢笔笔尖。铑铱合金耐热性优异，用于汽车火花塞。

　　铱元素为证明"恐龙大量灭绝是由小行星撞击引起的"提供了线索。因为人们在 6600 万年前的黏土层（K-Pg 界线）中发现了大量铱元素。由于铱在陨石中的含量很高，人们认为当时有颗小行星坠落，从而引发了整个地球生态的毁灭，也在地层中留下了异常丰富的铱元素。

小知识 1803 年，史密森·特南特在铂的溶解残留物中发现了铱。铱元素的名称 Iridium 源于希腊神话中的彩虹女神伊利斯（Iris），因为铱盐有着众多种鲜艳的颜色。

Pt
Platinum

1																	2
3	4											5	6	7	8	9	10
11	12											13	14	15	16	17	18
19	20	21	22	23	24	25	26	27	28	29	30	31	32	33	34	35	36
37	38	39	40	41	42	43	44	45	46	47	48	49	50	51	52	53	54
55	56		72	73	74	75	76	77	78	79	80	81	82	83	84	85	86
87	88		104	105	106	107	108	109	110	111	112	113	114	115	116	117	118

| · | 57 | 58 | 59 | 60 | 61 | 62 | 63 | 64 | 65 | 66 | 67 | 68 | 69 | 70 | 71 |
| :: | 89 | 90 | 91 | 92 | 93 | 94 | 95 | 96 | 97 | 98 | 99 | 100 | 101 | 102 | 103 |

◆发现：—
◆类别：过渡金属、铂系元素
◆原子量：195.084
◆熔点：1768℃ ◆沸点：3825℃
◆主产地：南非、俄罗斯

铂
首饰与催化剂中的元素

⇐产于俄罗斯康德尔矿山的天然铂块，通常还包含了其他铂系元素（钌、铑、钯、锇和铱）。

⇧用于实验室的铂坩埚，利用的就是铂的优异耐酸性和耐热性。

➡这是一个镀有铂的钛电极，这种电极常用作铑或钯镀层的电镀配件。

铂是一种银白色金属，在西班牙语中是"类银"的意思。铂的化学性质十分稳定，并且表现出优异的耐蚀性，不溶于除王水（浓硝酸和浓盐酸的混合液）之外的任何溶剂。除将铂用作装饰品外，由于它的催化活性很高，因此也被用于石油精炼、汽车尾气净化等场合，还被广泛用作电极触点、电阻温度计、汽车火花塞等耐热部件。铂催化剂可以显著改变某种化学反应的速率，但其本身性质在反应前后保持不变。

在 15 世纪左右，南美洲的印加帝国制造了大量铂装饰品，但到了 18 世纪中叶，中南美洲的铂矿已被欧洲人广泛开采并运往欧洲本土。

小知识 1741 年，英国冶金学者查尔斯·伍德收集了哥伦比亚产的铂样本，并寄送给威廉·布朗里格进行后续研究。与此同时，西班牙航海家安东尼奥·乌略亚于 1748 年首次在航海日志中介绍了铂金属。

1									2
3	4				5	6	7	8	9	10
11	12				13	14	15	16	17	18
19	20	21	22	23	24	25	26	27	28	29	30	31	32	33	34	35	36
37	38	39	40	41	42	43	44	45	46	47	48	49	50	51	52	53	54
55	56	*	72	73	74	75	76	77	78	79	80	81	82	83	84	85	86
87	88	*	104	105	106	107	108	109	110	111	112	113	114	115	116	117	118

| * | 57 | 58 | 59 | 60 | 61 | 62 | 63 | 64 | 65 | 66 | 67 | 68 | 69 | 70 | 71 |
| * | 89 | 90 | 91 | 92 | 93 | 94 | 95 | 96 | 97 | 98 | 99 | 100 | 101 | 102 | 103 |

79

Au

Gold

◆发现：—
◆类别：过渡金属　　◆原子量：196.966569
◆熔点：1064℃　　◆沸点：2856℃
◆主产地：南非、俄罗斯、澳大利亚

金

历史上最珍贵的金属元素

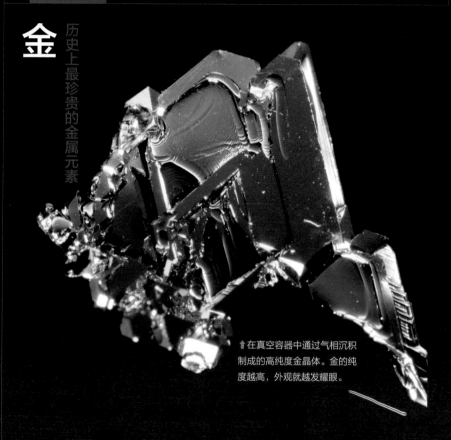

⬆在真空容器中通过气相沉积制成的高纯度金晶体。金的纯度越高，外观就越发耀眼。

　　要说整个历史上，最受重视、最具有价值的金属元素莫过于金了。由于它散发着强烈的光芒，又易于加工，自古以来就被用作装饰品和货币。金耐腐蚀，不过能被王水溶解。由于金的密度高，化学性质稳定，不易氧化，因此即使是在远古时代，也很容易被人们发现。最晚在 4000 年前就有开采金矿的记录，采集得到的金一般也是作为单质使用的。

　　金最大的特点就是具有极佳的延展性，1 克金可以被拉成 3000 米长的金线。另外，金的导热性和导电性俱佳，化学性质不活泼，不易被腐蚀，所以在电子零部件、电脑

小知识 金元素的符号 Au 取自拉丁语 aurum（意为"闪亮的东西"），英文名 Gold 则源于印欧语 ghel（意为"闪亮"）。金在自然中通常以单质形式出现，但目前多数黄金还是从石英脉中发现的金矿石里提炼获得的。

⬆宇航员的头盔上涂有黄金，用于遮挡红外线等电磁辐射。

⬅詹姆斯·韦布空间望远镜的主镜由铍制成，表面镀金。

⬆担当计算机中枢的 CPU（中央处理器），其中的基板引脚处做了镀金处理。

⬆自然发现的金砂中会混有银元素，但在河床底等处发现的金砂纯度更高。

⬅刻有质量、纯度、核对编号的流通金条（1 千克）。

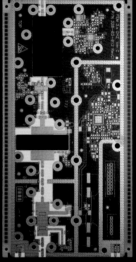

⬆由绝缘树脂制成的印刷电路板，表面有薄层镍制和金制电路。

　　的集成电路等场合中被广泛使用。而废弃的电子产品也被称为"城市矿山"，它们数量庞大，等待着被回收利用。金还能有效反射红外线，所以在高层建筑的玻璃窗和人造卫星表面等都有金涂层。

　　金的纯度以 K（克拉）来表示，纯度 100% 的纯金为 24K，纯度 75% 的彩金为 18K。关于现存于地球上的金和铂从何而来，主流解释是大约在 40 亿年前陨石像雨水一样洒落到地球上，带来了金元素和铂元素，这场陨石雨持续了 2 亿年之久。随着地球板块的移动，陨石进入地幔，然后被推入地壳形成矿山。

小知识 地壳中的金含量平均约为十亿分之三（每吨地壳物质含有 0.003 克金），而在南非的优质金矿石中，每吨原矿中约含有 0.006 克的黄金。

80

Hg

Mercury

◆发现：—
◆类别：过渡金属　◆原子量：200.592
◆熔点：−39℃　◆沸点：357℃
◆主产地：中国、吉尔吉斯斯坦、俄罗斯

汞

剧毒的汞蒸气和有机汞

←在常温常压下为液体的唯一一种金属元素：汞（水银）。

←密封有汞或氩气的汞灯。汞元素是荧光灯照明用具中不可缺少的一部分。

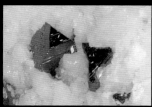

⬆产自中国贵州省的朱砂，主要成分为硫化汞（HgS）。自古以来，朱砂就是一种受到珍视的颜料。

⬆以前的纽扣电池负极使用汞，现在出于环保考虑，开始大力普及无汞电池。

　　汞，又称水银，自古以来就以常温下为液体的唯一金属元素而为人熟知。因为汞会随着温度升高而膨胀，所以一直被用于体温计，但现在含汞体温计也逐渐被电子体温计所取代。汞能与大多数普通金属结合，形成名为"汞齐"的合金。日本奈良大佛的镀金工作正是利用了汞和其他金属的这种结合能力。

　　汞有毒，但比无机汞危险得多的是有机汞。由于会损伤神经系统，有机汞目前已完全停产。20 世纪 50 年代在日本熊本县发生的水俣病，就是由有机汞化合物（甲基汞）引起环境污染而爆发的公害病。汞如果汽化成汞蒸气，被吸入后对人体也是有害的，因此平时得尽量避免使用汞。

小知识　汞元素的符号 Hg 源于拉丁语 hydragyrum（意为"水一样的银"），英文名 Mercury 是从 14 世纪左右开始由炼金术师和占星师率先使用的，得名于罗马神话中的众神使者墨丘利（Mercury），体现了水银的流动性和活泼的化学性质。

Tl
Thallium

1																	2
3	4											5	6	7	8	9	10
11	12											13	14	15	16	17	18
19	20	21	22	23	24	25	26	27	28	29	30	31	32	33	34	35	36
37	38	39	40	41	42	43	44	45	46	47	48	49	50	51	52	53	54
55	56		72	73	74	75	76	77	78	79	80	81	82	83	84	85	86
87	88		104	105	106	107	108	109	110	111	112	113	114	115	116	117	118

| | 57 | 58 | 59 | 60 | 61 | 62 | 63 | 64 | 65 | 66 | 67 | 68 | 69 | 70 | 71 |
| | 89 | 90 | 91 | 92 | 93 | 94 | 95 | 96 | 97 | 98 | 99 | 100 | 101 | 102 | 103 |

◆发现：克鲁克斯／拉米（1861 年）
◆类别：其他金属
◆原子量：204.38
◆熔点：304℃　◆沸点：1473℃
◆主产地：—

铊 致命元素

←铊金属块。原本是银白色，但由于容易被氧化，变成了灰黑色。

⬇使用铊 –201（²⁰¹Tl）的心肌成像。如果怀疑有心绞痛等疾病，可以注射含有 ²⁰¹Tl 的药物，通过闪光相机拍摄来检查血流情况。

⬆产自秘鲁的硫砷铊铅矿，主要成分为 $TlPbAs_5S_9$。含铊的矿石十分稀有，铊资源主要是从铜、铅、锡等重金属硫化矿中提炼获得的。

　　因为铊的焰色反应呈绿色，所以铊元素的名称 Thallium 源于希腊语 thallos（意为"绿芽"）。铊的毒性极强，硫酸亚铊和硝酸亚铊曾被用作灭鼠和灭蚁药剂。此外，醋酸铊具有阻止蛋白质合成的生物危害作用，因此可被用作脱毛剂。但是，如果使用量过多，就会引起中毒症状，因此目前铊化合物不作为药剂使用。

　　铊的放射性同位素铊 –201 在心肌细胞检测中被用作造影剂。另外，如果铊与水银融合制成合金，熔点会降至 0℃以下，因此也被用于制作在极寒地区测量气温的温度计。

82 Pb

Lead

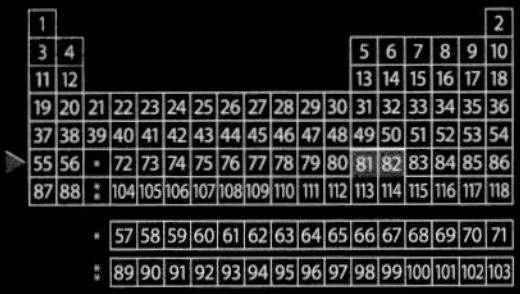

◆发现：—
◆类别：其他金属　◆原子量：207.2
◆熔点：327℃　◆沸点：1749℃
◆主产地：中国、俄罗斯、美国

铅

吸收 X 射线的元素

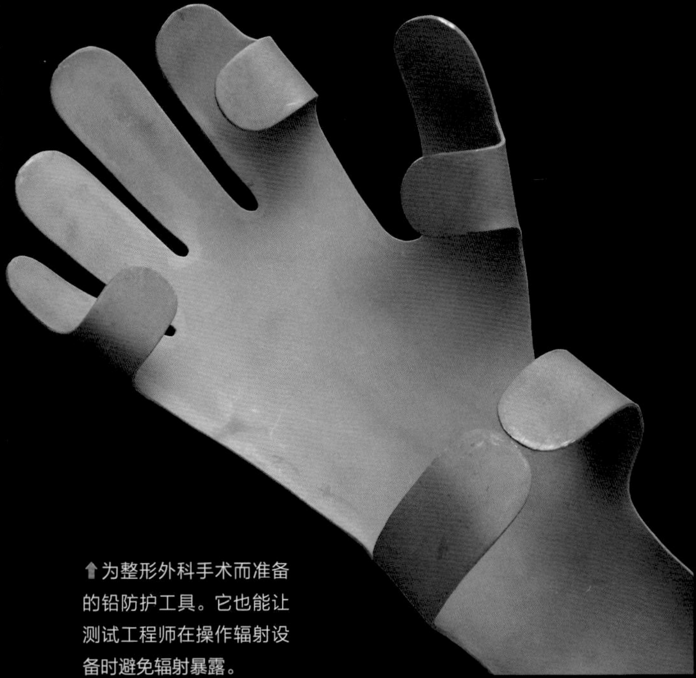

⬆为整形外科手术而准备的铅防护工具。它也能让测试工程师在操作辐射设备时避免辐射暴露。

　　铅和铜、铁一样，都是人类使用历史最古老的金属之一。由于铅的密度高，熔点低，精炼和加工难度小，因此在古罗马时代就大量出现了水管、货币、子弹等铅制品。

　　天然产出的铅单质很少见，工业上是从方铅矿中提炼制铅的。顺带一提，铀和钍的放射性同位素在发生衰变后，最终变成稳定的铅元素。此外，由于铅的氧化物呈各种颜色，因此过去常使用红色的铅丹、黄色的黄丹和白色的铅白作为颜料。铅丹作为颜料就曾被用在日本的神社中。

小知识　铅元素的符号源于拉丁语 plumbum。据记载，在大约 2300 年前的古希腊，铅白（碱式碳酸铅）的制造方法就已推广投产。

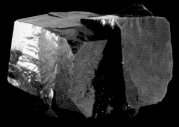

⇦方铅矿，主要成分为硫化铅（PbS）。方铅矿中的铅含量占比很高，只含有微量的银杂质，所以是最主要的铅矿形式。

➡产自中国的吊灯用水晶玻璃，含 10% 的铅元素。铅含量越高，玻璃的折射率就越高。

➡产自瑞典的天然铅块。铅多以氧化物和硫化物的形式产出，天然的铅单质很罕见。

➡钓鱼所用的铅坠。铅的密度为 11.34 g/cm³，比水银要轻一点，所以会浮在水银之上。

⬆产自美国亚利桑那州的铅丹（Pb₃O₄）。它是由铅矿物氧化而形成的，是红色颜料的主要原材料。

⇦铅和锡组成的焊料。近年来，无铅焊料逐步成为主流。

　　进入现代社会，铅在电池电极、子弹、电子材料等领域被广泛使用。因为铅可以吸收 X 射线，所以它也被用作 X 射线影像的屏蔽防护材料。用二氧化硅和氧化铅可制成铅玻璃（水晶玻璃），其中铅含量越高，折射率就越高，铅玻璃可以制成饰品、餐具、光学镜片等产品。

　　众所周知，铅对生物体具有毒性。出于对环境和人体安全的考虑，过去含有碳酸铅的白色颜料，现已被禁止使用。铅也逐渐退出船体涂料、铅酸电池、餐具釉剂、汽油、锡合金焊料等领域。

83

Bi
Bismuth

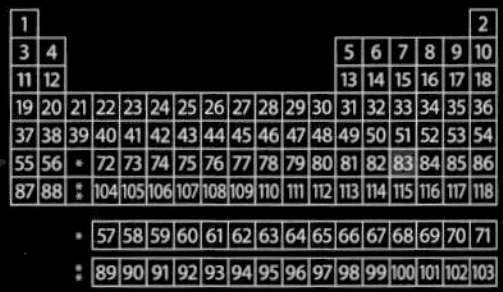

◆发现：—
◆类别：其他金属　◆原子量：208.98040
◆熔点：271℃　◆沸点：1564℃
◆主产地：中国、墨西哥、哈萨克斯坦

铋

低温环境下会变成超导体

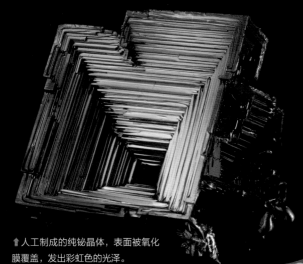

⬆人工制成的纯铋晶体，表面被氧化膜覆盖，发出彩虹色的光泽。

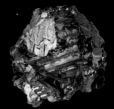

⬅天然产生的铋块。天然的铋单质和辉铋矿（Bi_2S_3）是两种代表性的铋矿石。

⬆产自英国的一种胃肠药，含有次硝酸铋，起到保护胃黏膜的作用。

　　铋是一种质地柔软的银白色金属元素。因为它的性质与铅很相似，所以很多领域正逐步用铋替代铅，如防护服、子弹等。铋作为一种超导体而备受关注，在液氮冷却的环境下，金属铋的电阻会消失。目前，日本已建立起以铋系超导体为核心的超导电磁铁实验室。

　　含铋的低熔点合金在环境温度达 70℃ 以上时会熔化，因此铋合金可用于水管喷头。在火灾现场，如果周围温度超过 70℃，铋合金就会熔化，进而自动喷水。另外，铋化合物是一些药物的成分。如次水杨酸铋除了止泻，还可以作为胃溃疡和十二指肠溃疡等消化道疾病的药剂。

小知识 铋最早出现在 16 世纪的德国史料中。关于铋元素的名称起源有各种理论，尚未完全确定，主流观点认为铋的名称 Bismuth 源于德语中的 wissmuth（意为"白色物质"）一词。

Po
Polonium

1																	
3	4											5	6	7	8	9	10
11	12											13	14	15	16	17	18
19	20	21	22	23	24	25	26	27	28	29	30	31	32	33	34	35	36
37	38	39	40	41	42	43	44	45	46	47	48	49	50	51	52	53	54
55	56	•	72	73	74	75	76	77	78	79	80	81	82	83	84	85	86
87	88	•	104	105	106	107	108	109	110	111	112	113	114	115	116	117	118

| • | 57 | 58 | 59 | 60 | 61 | 62 | 63 | 64 | 65 | 66 | 67 | 68 | 69 | 70 | 71 |
| • | 89 | 90 | 91 | 92 | 93 | 94 | 95 | 96 | 97 | 98 | 99 | 100 | 101 | 102 | 103 |

◆发现：居里夫妇（1898 年）
◆类别：类金属　◆原子量：[209]
◆熔点：254℃　◆沸点：962℃
◆主产地：一

钋 居里夫妇发现的放射性元素

← 1947 年在美国制作的面向儿童的玩具赠品"独行侠·原子弹戒指"。戒指内部含有钋作为辐射源，在黑暗中打开红色盖子就能看到钋 -210 衰变产生的 α 射线撞击荧光屏的闪光现象。

←产自美国的发动机火花塞，使用了钋元素。

➡黑胶唱片静电刷内侧金属板上含有钋，用于中和静电。

　　居里夫妇从沥青铀矿中发现了新的放射性元素：钋。这一元素的感光作用比铀强得多，夫妻俩以祖国波兰的名字命名为钋。像这样具有强烈感光作用和荧光作用的效果被称为放射性，具有放射性的核素的原子核不稳定，会自发性地放出电离辐射。

　　钋在衰变时发射出强烈的 α 射线，特别是同位素钋 -210 的放射性是铀 -235 的 20 亿倍。不过钋 -210 的半衰期很短，仅有 138 天，最终会衰变成稳定的铅 -206。

小知识　光能辐射计是威廉·克鲁克斯在 1873 年发明的一种仪器，用于在早期辐射研究中测量辐射强度。当有射线照射时，内部的金属叶片会转动，人们可以由此评估辐射大小。

85

At
Astatine

1																	2
3	4											5	6	7	8	9	10
11	12											13	14	15	16	17	18
19	20	21	22	23	24	25	26	27	28	29	30	31	32	33	34	35	36
37	38	39	40	41	42	43	44	45	46	47	48	49	50	51	52	53	54
55	56		72	73	74	75	76	77	78	79	80	81	82	83	84	85	86
87	88		104	105	106	107	108	109	110	111	112	113	114	115	116	117	118

| 57 | 58 | 59 | 60 | 61 | 62 | 63 | 64 | 65 | 66 | 67 | 68 | 69 | 70 | 71 |
| 89 | 90 | 91 | 92 | 93 | 94 | 95 | 96 | 97 | 98 | 99 | 100 | 101 | 102 | 103 |

◆ 发现：埃米利奥·塞格雷等（1940 年）
◆ 类别：类金属、卤素 ◆ 原子量：[210]
◆ 熔点：302℃ ◆ 沸点：337℃

砹
地壳中仅存有几克的元素

↑ 目前人们尚未观测到砹元素的单质，但在钙铀云母
[Ca(UO₂)₂(PO₄)₂·10-12(H₂O)] 中可能含有砹元素。

↑ 意大利裔美国物理学家埃米利奥·塞格雷，发现了砹和锝。

　　1940 年，科学家利用加利福尼亚大学的回旋加速器成功合成了放射性元素砹。砹元素的名称 Astatine 源于希腊语的 astatos（意为"不稳定"）一词。砹不存在稳定的同位素，即使是寿命最长的砹 -210，半衰期也只有 8.1 小时，在实验过程中会衰变为其他元素。

　　砹在地壳中的含量极其稀少，估计总共只有约 28 克。由于砹的寿命实在太短，其化学性质尚不清楚。但也正是由于其半衰期短，能释放出强烈的 α 射线，所以有望用作治疗癌症的放射源。

　　小知识　加利福尼亚大学伯克利分校的埃米利奥·塞格雷、肯尼思·麦肯齐和戴尔·科尔森在回旋加速器中用 α 粒子（氦原子核）撞击铋 -209，成功合成了砹 -211。

86 **Rn**
Radon

◆发现：弗里德里希·恩斯特·多恩（1900年）
◆类别：稀有气体　◆原子量：[222]
◆熔点：-71℃　◆沸点：-62℃
◆主产地：—

氡 由镭衰变产生的稀有气体

⬆有时，在花岗岩中会有独居石作为杂质成分，并含有铀和钍等放射性元素。铀、钍衰变会产生镭，镭衰变会释放氡气。

➡用于检测氡气的电动警报装置。

德国物理学家弗里德里希·恩斯特·多恩在镭化合物中发现了一种新的无色稀有气体。当时，人们给它起了各种各样的名字，但在1923年，人们采用了"氡"。氡是从镭化合物中释放出来的气体，又被称为"镭射气"。它是稀有气体中密度最大的，且是没有稳定同位素存在的放射性元素。其中寿命最长的同位素是氡-222，半衰期为3.8天。

说起身边的氡，应该是氡含量较高的氡温泉，但并没有实验证明氡气对人体有医学效果。在用土壤和岩石建造的房屋内，会有氡从建材中缓慢释放。如果房屋的气密性较好，氡的浓度就能积累得相当高了，因此要加强通风。

小知识 1910年，威廉·拉姆齐和罗伯特·怀特洛-格雷成功地分离了氡，并研究了氡的性质。他们提出了新的命名 niton，该名称来自拉丁语中的 nitens（意为"发光"）一词。

专栏

COLUMN

元素发现史

为化学发展做出伟大贡献的科学家们

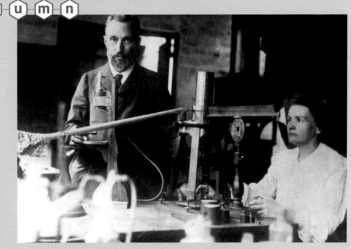

法国科学家皮埃尔·居里（1859—1906）和玛丽·居里（1867—1934）合称为居里夫妇。两人因"对放射性现象的研究"而获得 1903 年诺贝尔物理学奖。居里夫人此后又因"发现了镭和钋，提纯镭并研究其性质"获得了 1911 年诺贝尔化学奖。

17 世纪的欧洲，罗伯特·波义耳建立了基于实验和观察的现代化学基础，但对化学的系统知识仍然了解不足。例如，当时甚至有一种神秘的学说（燃素说）认为，每种可燃烧的物质都含有一种被称为燃素的物质，并且物质的燃烧就是这种燃素的释放过程。

到了 18 世纪，法国的拉瓦锡开创了真正意义上的近代化学。研究空气的拉瓦锡发现了化学反应的基本规律——质量守恒定律，并意识到燃烧并不是失去燃素的现象，而是物质与氧结合的化学反应。法国大革命后，拉瓦锡本人被处死，但他提出的元素概念使化学科学取得了飞跃性的发展，后世尊称拉瓦锡为"近代化学之父"。

在 18 世纪后半期，科学家除发现空气的主要成分是氮和氧外，还发现了与矿物学、冶金学密切相关的，且在地壳中大量存在的金属元素。但是，从化合物中分离元素还需要等待 19 世纪初开始活跃的汉弗莱·戴维的发明。

戴维利用伏打在 1800 年发明的电池进行化合物电解，成功分离出钠、钾等碱金属，以及钙、镁、硼等元素。戴维的电解实验，也证明了物质发生化学反应的本质

法国化学家安托万·拉瓦锡（1743—1794），提出了质量守恒定律，阐明了元素的概念。

卡尔·威廉·舍勒（1742—1786），发现了氯、钨等多种元素。

英国科学家约翰·道尔顿（1766—1844），提出了近代原子理论。

格伦·西博格（1912—1999），发现了10种超铀元素。

威廉·拉姆齐（1852—1916），发现了氩、氖等稀有气体。

罗伯特·本生（1811—1899），用光谱仪发现了铯和铷。

汉弗莱·戴维（1778—1829），用电解法分离出了多种碱金属和碱土金属。

是电子的转移。

　　1859年，德国科学家本生和基尔霍夫发明了光谱仪，通过光谱分析检测出了稀有气体等难以发现的惰性元素。此外，道尔顿公布了世界上第一份原子符号表，并在原子中引入了质量的概念。随后，门捷列夫提出的元素周期表概念迅速扩散，促进了基于系统描述和性质预测的元素研究。

　　19世纪末，法国的居里夫妇发现铀化合物会产生类似X射线的强烈辐射（放射线）。夫妻俩随后发现这种辐射也能由含钍的化合物发出，于是将这种元素的辐射能力命名为"放射性"，将具有放射性的元素命名为"放射性元素"。1898年，他们在铀矿石中发现了钋和镭。当时，他们还不知道放射线对人体的危害，因此在受到放射性物质的长期辐射后，居里夫人患上了放射性疾病，并在66岁时因白血病去世。

　　到了19世纪末期，在自然界中存在的大部分元素都被发现了。20世纪以后，人们开始合成自然界中不存在的元素，即人造元素。

87

Fr

Francium

◆发现：玛格丽特·佩里（1939 年）
◆类别：碱金属　◆原子量：[223]
◆熔点：27℃（预测）　◆沸点：677℃（预测）
◆主产地：—

钫

最后一个被发现的天然元素

➡产自刚果的硅铜铀矿。这是一种呈现绿色针状结晶、含铀和铜的硅酸盐矿物，其中可能含有少量的钫。

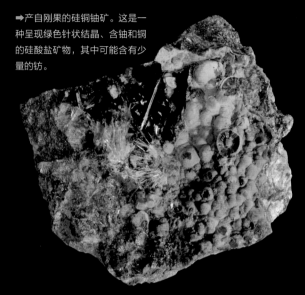

◀在加拿大粒子与核物理国家实验室中，数十万个钫原子被磁光阱捕获。

➡玛格丽特·佩里，她是钫元素的发现者。

　　在法国担任居里夫人助手的佩里，于 1939 年从锕的 α 衰变生成物中发现了新的碱金属元素，并以祖国的名字 France 将新元素命名为钫（Francium）。钫在地壳中的含量非常少，仅在铀矿石中微量存在。钫也是人们在自然界中发现的最后一种放射性元素，之后发现的均为人造放射性元素了。

　　目前已知钫存在 35 种同位素，但都不是稳定的同位素，各自的半衰期都很短。即使是半衰期较长的也不过只有几十分钟，很快就会衰变为镭等元素。目前钫还没有实际商业应用场景，但它在基本粒子物理学领域中的科研用途较为广泛。

小知识 在自然界中，铀 –235（^{235}U）衰变的过程中会产生钫 –223（^{223}Fr）。不稳定同位素是指其原子核不稳定，会随着时间的推移自动衰变成别的原子核。

88

Ra

Radium

	1																2
3	4										5	6	7	8	9	10
11	12										13	14	15	16	17	18
19	20	21	22	23	24	25	26	27	28	29	30	31	32	33	34	35	36
37	38	39	40	41	42	43	44	45	46	47	48	49	50	51	52	53	54
55	56		72	73	74	75	76	77	78	79	80	81	82	83	84	85	86
87	88		104	105	106	107	108	109	110	111	112	113	114	115	116	117	118

| 57 | 58 | 59 | 60 | 61 | 62 | 63 | 64 | 65 | 66 | 67 | 68 | 69 | 70 | 71 |
| 89 | 90 | 91 | 92 | 93 | 94 | 95 | 96 | 97 | 98 | 99 | 100 | 101 | 102 | 103 |

◆发现：居里夫妇（1898 年）

◆类别：碱土金属　◆原子量：[226]

◆熔点：700℃　◆沸点：1737℃

◆主产地：—

镭

居里夫妇用生命换来的化学发现

↑为纪念镭发现 100 周年而制作的邮票。

↑使用镭作为 α 射线源的闪烁镜，是用来观察辐射的工具。

↑使用镭作为发光涂料的怀表。由于钟表工厂内经常发生工人致癌的事件，现在已经不生产这种含有镭的表了。

←在 20 世纪 20 年代，当人们尚未知道放射性的危害时，镭补瓶被作为保健品而生产。宣传语说道：镭会衰变成氡水。

1898 年，居里夫妇继钋之后又发现了新的放射性元素——镭。他们发现移除了铀、钍和钋的铀矿石仍有强烈放射性，于是致力于新元素的研究，终于发现了放射性是铀的 250 万倍的镭元素！但是，由于长期暴露在镭的强辐射下，居里夫人患上了白血病，并最终为此失去了生命。

镭一直被用于放射治疗，但在认识到镭的危险性之后，更安全的钴元素等放射源替代了原来的镭元素继续用于癌症治疗。

小知识　镭元素的名称 Radium 源于拉丁语中的 radius（意为"辐射"）一词，因为镭元素能发射出很强的辐射。发现者之一的皮埃尔·居里来自法国，他的妻子玛丽·居里则是一名来自波兰的法国科学家。

◆发现：安德烈－路易·德比埃尔内（1899 年）
◆类别：过渡金属、锕系元素 ◆原子量：[227]
◆熔点：1050℃ ◆沸点：3198℃
◆主产地：—

锕

铀矿中发现的放射性元素

⬆产自捷克的沥青铀矿（晶质铀矿），主要成分是二氧化铀（UO₂），不过也包含锕、钍等放射性元素杂质。

◀法国化学家安德烈－路易·德比埃尔内，锕元素的发现者。

　　锕是锕系元素中的第一个元素，锕系元素的化学性质类似于镧系元素。锕具有放射性，其名称 Actinium 源于希腊语 aktinos（意为"光线"）。居里夫妇发现镭元素的第二年，也就是 1899 年，与居里夫妇关系密切的好朋友、化学家德比埃尔内在沥青铀矿残留物中发现了锕元素。

　　锕元素在地球上十分稀少，只有痕量的锕出现在铀矿中，1 吨铀矿中含有的锕元素只有约 0.15 毫克。锕是一种银白色的金属，具有强烈放射性，会发出淡蓝色的光。如今，锕是在核反应堆内用中子照射镭-226 后产生的。虽然目前仅有科研价值，但是将锕用作治疗癌症的 α 射线源也值得期待。

小知识　自然界中只发现了锕-227 和锕-228，其余的锕同位素都是人工合成的。

◆发现：贝采利乌斯（1828 年）
◆类别：过渡金属、锕系元素
◆原子量：232.03777
◆熔点：1750℃　◆沸点：4788℃
◆主产地：澳大利亚、印度、挪威

钍

地壳中含量丰富的放射性元素

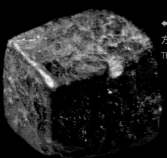

←产自斯里兰卡的方钍石，主要成分 ThO_2。

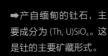

➡产自缅甸的钍石，主要成分为 $(Th, U)SiO_4$。这是钍的主要矿藏形式。

←作为露营用品的煤气灯罩。由于混合了化学性质稳定的氧化钍作为发光剂，因此它具有良好的耐火性，并且在火焰中会发出耀眼的白光。

➡用于焊接的钨电极，红色部分含有约 2% 的氧化钍。

在所有锕系元素中，钍在地壳中的含量算是相当多的了。瑞典化学家贝采利乌斯于 1828 年在钇土样本中发现了钍元素。钍元素的名称 Thorium 源于北欧神话中的雷神托尔（Thor）。由于在发现钍元素时，"核辐射"这一概念还不为人所知，因此大家并没有意识到钍元素的危险性。天然发现的钍元素只有最稳定的放射性同位素钍 −232，其半衰期约为 140 亿年。

氧化钍的化学性质稳定，熔点高，被用于制造耐热陶瓷、煤气灯罩、坩埚等。但是由于其微弱的辐射，现在已经被淘汰了。

小知识 虽然钍元素被发现是在 1828 年，但由于其半衰期较长，当时还未发现它是放射性元素。1898 年，玛丽·居里和德国的施密特分别注意到了钍元素的放射性。

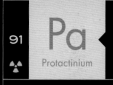

91 **Pa** Protactinium

◆发现：奥托·哈恩 & 莉泽·迈特纳（1918年）
◆类别：过渡金属、锕系元素
◆原子量：231.03588
◆熔点：1572℃　◆沸点：4027℃
◆主产地：—

镤 用途有限的放射性元素

↑产自刚果民主共和国的铜铀云母，化学式为 $Cu(UO_2)_2(PO_4)_2 \cdot 8\text{-}12(H_2O)$。这是一种美丽的板状晶体，其中可能含有极微量的镤元素。

←在硝酸铀酰中发现镤元素的奥地利科学家莉泽·迈特纳（右）和德国科学家奥托·哈恩（左）。

　　铀矿石中含有少量的放射性元素，其中包括镤。镤是一种银白色的金属，在自然界中存量极微，但是在核反应堆内生产铀的时候，铀的衰变会产生少量的镤。

　　1871年，门捷列夫预言了镤元素的存在。1918年，莉泽·迈特纳和奥托·哈恩发现了它。镤的名称 Protactinium 是"在锕之前"的意思，这是因为同位素镤-231（半衰期32760年）在铀-235衰变链中的位置在锕-227之前，它发生 α 衰变就会变成锕-227。虽然目前镤的用途仅限于科学研究，但也有人利用镤同位素来测定海底沉积层的年代。

小知识 1944年，哈恩获得诺贝尔化学奖，但身为犹太裔的迈特纳迫于纳粹压力未能获奖。迈特纳的卓著成就永远定格在以她名字命名的109号元素 Meitnerium（鿏）中。

◆发现：马丁·克拉普罗特（1789 年）
◆类别：过渡金属、锕系元素
◆原子量：238.02891
◆熔点：1135℃ ◆沸点：4131℃
◆主产地：哈萨克斯坦、加拿大、澳大利亚

铀

原子能产业的支柱元素

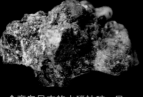

➡用紫外线照射时发出绿色荧光的铀玻璃（金丝雀玻璃）。其中添加了极微量的铀元素作为着色材料。

⬆产自日本的水磷铀矿，呈现为褐色晶体，化学式为 $(U, Ca, Ce)_2(PO_4)_2 \cdot 1 - 2H_2O$。

⬆核反应堆中使用的碳化铀核燃料。在天然铀资源中，可用作核燃料铀 -235 的约占 0.7%。

⬆含有铀放射源的闪烁镜，1950 年在美国作为儿童玩具出售，被称为史上最危险的玩具之一。

　　1789 年，德国化学家克拉普罗特在沥青铀矿中发现了一种全新的金属元素，并以 1781 年发现的天王星（Uranus）将其命名为铀（Uranium）。除地壳中的铀矿石外，海水中也含有极微量的铀资源。

　　铀矿石中含有微量的铀 -235，如果铀 -235 的原子核被中子击中，就会引起核裂变并释放能量。在核能发电站，核反应堆内在持续进行着可控的裂变链式反应，此过程释放的能量用于发电。另一方面，核弹通过引起高浓缩铀 -235 的不可控裂变链式反应，瞬间释放出巨大的能量。1945 年在日本广岛投下的原子弹的裂变物质正是铀 -235。

小知识　克拉普罗特发现的是二氧化铀，金属铀单质是在 1841 年由法国科学家尤金 - 梅尔希奥·皮里哥分离出来的。另外，铀的放射性是在 1896 年由亨利·贝克勒尔发现的。

1																	2
3	4											5	6	7	8	9	10
11	12											13	14	15	16	17	18
19	20	21	22	23	24	25	26	27	28	29	30	31	32	33	34	35	36
37	38	39	40	41	42	43	44	45	46	47	48	49	50	51	52	53	54
55	56	•	72	73	74	75	76	77	78	79	80	81	82	83	84	85	86
87	88	•	104	105	106	107	108	109	110	111	112	113	114	115	116	117	118

• | 57 | 58 | 59 | 60 | 61 | 62 | 63 | 64 | 65 | 66 | 67 | 68 | 69 | 70 | 71 |
▶ : | 89 | 90 | 91 | 92 | 93 | 94 | 95 | 96 | 97 | 98 | 99 | 100 | 101 | 102 | 103 |

93

Np
Neptunium

◆ 发现：埃德温·麦克米伦 & 菲利普·艾贝尔森（1940 年）
◆ 类别：过渡金属、锕系元素 ◆ 原子量：[237]
◆ 熔点：644℃ ◆ 沸点：4000℃

镎

历史上首个被发现的超铀元素

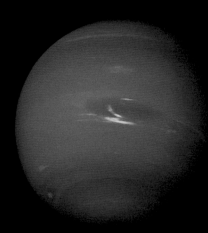

←镎元素的名称来源于海王星（Neptune），后者则以罗马神话中的海神尼普顿（Neptune）命名。1846 年，法国的勒维耶发现了海王星，这是一颗平均表面温度为 -210℃ 的冰巨行星。

←产自日本鸟取县的钒钾铀矿，化学式为 $K_2(UO_2)_2V_2O_8 \cdot 3H_2O$。这些铀矿石中含有的铀 -238 会自然发生核嬗变（一种核素到另一种核素的转变）而生成极微量的镎 -239。

→埃德温·麦克米伦，镎的发现者之一。

镎是一种银白色的金属，是由加利福尼亚大学伯克利分校的埃德温·麦克米伦和菲利普·艾贝尔森于 1940 年用中子轰击铀 -238 合成的放射性元素。当时发现的镎 -239 的半衰期约为 2.4 天，会很快衰变成为钚。

天然的铀矿石中也有极其微量的镎，不过，人们一般是从核电站使用过的废弃核燃料中收集镎，这里得到的主要是镎 -237，半衰期有 214 万年之久。顺带一提，原子序数比铀大的元素被称为超铀元素，它们都具有放射性，且除了镎和钚之外都是人造元素。

小知识 92 号元素铀（Uranium）是以天王星（Uranus）命名的，93 号元素镎（Neptunium）是以下一个被发现的行星海王星（Neptune）命名的。

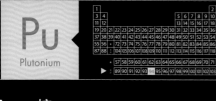

钚

核武器和核燃料的重要元素

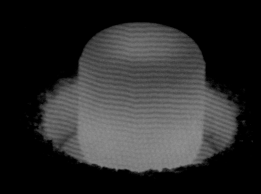

⬆在实验室中因衰变放热而发光的钚 –238 团块。

⬆在锂电池成为主流之前，由钚 –238 供电的小型钚电池被用作心脏起搏器的供电装置。

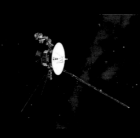

⬅搭载钚电池的旅行者 1 号太空探测器。钚 –238 的半衰期为 87 年，但其衰变导致输出功率持续下降，探测器预计将在 2025 年失去动力。

　　天然环境中有极微量的钚元素存在，但它一般都是在核反应堆中人工制造出来的。钚是一种银白色的金属，其名称来源于海王星外侧的冥王星。1940 年，加利福尼亚大学伯克利分校劳伦斯伯克利国家实验室的格伦·西博格等人用氘核（重氢原子的原子核）轰击铀 –238 后发现了它。

　　钚 –238 被用于制作宇宙探索和医疗领域的核电池；而易裂变的钚 –239 与铀 –235 一样，是常见的核燃料。另外，因为钚比铀更容易浓缩，所以钚 –239 成为核武器中最主要的裂变材料。

小知识　钚元素（Plutonium）与同时发现的镎元素有类似的命名规则，是以海王星轨道以外的冥王星（Pluto）命名的。

1																	2
3	4											5	6	7	8	9	10
11	12											13	14	15	16	17	18
19	20	21	22	23	24	25	26	27	28	29	30	31	32	33	34	35	36
37	38	39	40	41	42	43	44	45	46	47	48	49	50	51	52	53	54
55	56		72	73	74	75	76	77	78	79	80	81	82	83	84	85	86
87	88		104	105	106	107	108	109	110	111	112	113	114	115	116	117	118

| • | 57 | 58 | 59 | 60 | 61 | 62 | 63 | 64 | 65 | 66 | 67 | 68 | 69 | 70 | 71 |
| ▶ | 89 | 90 | 91 | 92 | 93 | 94 | 95 | 96 | 97 | 98 | 99 | 100 | 101 | 102 | 103 |

95 **Am**
Americium

◆ 发现：劳伦斯伯克利国家实验室（1944 年）
◆ 类型：过渡金属、锕系元素　◆ 原子量：[243]
◆ 熔点：1176℃　◆ 沸点：2607℃

镅
电离烟雾探测器中的元素

↑电离烟雾探测器。在带有放射性标志的盒子内部装着镅。由于存在危险，现在的光电烟雾探测器逐渐成为主流，在此之前生产的电离烟雾探测器需要由制造商检查和回收。

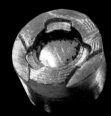

←镅 -241 的标本（半衰期为 432 年），它是镅的同位素，用于电离烟雾探测器。它很容易被氧化，表面覆盖有金箔。

　　1944 年，美国的格伦·西博格等人通过用中子轰击钚原子，发现了新的人造元素镅，相关研究成果发表于 1945 年。仿照性质相似的铕元素以欧洲（Europe）命名，镅是以美洲（America）命名的。

　　镅可以从核电站的废弃燃料中大量获得，因此它的价格相对便宜。镅是唯一一种进入日常应用的人造元素，它可以作为家庭用的电离烟雾探测器的辐射源。它的工作原理是：辐射源镅 -241 衰变产生 α 粒子通过电离室，将其中的空气电离产生电流。如有烟雾进入电离室则会吸收 α 粒子，减少电离程度，因此改变电流大小，从而触发警报。

小知识 镅元素的名称 Americium 源于美洲（America）。源于国家或地区名称的元素还有钫（87 号，源于法国）、钋（84 号，源于波兰）、鉨（113 号，源于日本）等。

96 Cm Curium

◆发现：劳伦斯伯克利国家实验室（1944 年）
◆类别：过渡金属、锕系元素
◆原子量：[247]

锔

1944 年，劳伦斯伯克利国家实验室的研究小组用氦原子核（α 粒子）轰击钚原子而合成了锔。西博格于 1945 年 11 月首次发表了这项研究成果。

←锔元素以居里夫妇命名。图为居里夫人的祖国波兰于 1967 年制作的 10 元硬币，以纪念居里夫人 100 周年诞辰。

97 Bk Berkelium

◆发现：劳伦斯伯克利国家实验室（1949 年）
◆类别：过渡金属、锕系元素
◆原子量：[247]

锫

1949 年，劳伦斯伯克利国家实验室的研究小组使用回旋加速器，用氦原子核（α 粒子）轰击锔原子合成得到锫。锫是一种具有强放射性的银白色金属元素。

←加州大学伯克利分校的校徽，这所学校里的劳伦斯伯克利国家实验室聚集了斯坦利·汤普森、阿伯特·吉奥索、格伦·西博格等物理学家，他们带领的研究小组发现了多种元素。

98 Cf Californium

◆发现：劳伦斯伯克利国家实验室（1950 年）
◆类别：过渡金属、锕系元素
◆原子量：[251]

锎

1950 年，劳伦斯伯克利国家实验室的研究小组用氦原子核（α 粒子）轰击锔原子，确认产生了新元素锎。锎元素可以自发核裂变，用于爆炸物检测等。

←用于合成新元素的回旋加速器。锎元素是以美国加利福尼亚州和加州大学命名的。

99 Es Einsteinium

◆发现：劳伦斯伯克利国家实验室（1952 年）
◆类别：过渡金属、锕系元素
◆原子量：[252]

锿

1952 年，劳伦斯伯克利国家实验室的研究小组从氢弹试验的灰烬样本中，发现了锿与镄这两种放射性元素。 一般认为是铀受到大量中子的撞击生成锎，然后锎衰变成锿。

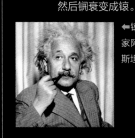

←锿元素以物理学家阿尔伯特·爱因斯坦命名。

小知识 爱因斯坦是一位向全世界呼吁废除核武器的物理学家。具有讽刺意味的是，他的名字被用在了氢弹试验中发现的新元素上。

100 **Fm** Fermium

◆发现：劳伦斯伯克利国家实验室（1952 年）
◆类别：过渡金属、锕系元素　◆原子量：[257]
◆熔点：1527℃　◆沸点：—

镄

氢弹试验中合成的新元素

↑ 1952 年，液态氘被用作核聚变燃料的氢弹试验（"常春藤行动"）。由于属于军事机密，最初发现新元素的确切信息并没有公布。

➡镄经提纯后成为能发出荧光的银白色金属，但目前还没有合成出镄金属。

➡来自意大利的物理学家恩里科·费米。100 号元素正是为了纪念他的学术成就而被命名为镄。

　　1952 年，美国在西太平洋马绍尔群岛进行氢弹试验后，科学家在放射性沉降物中发现了新放射性元素锿和镄，镄被认为是由锿的同位素衰变产生的。

　　目前，锿和镄都是在核设施中制造的，但锿元素可以精制为纯金属，镄及其之后的所有元素都无法制备出纯金属。

　　镄元素以恩里科·费米命名，他于 1942 年完成了世界上首次可控核裂变链式反应，后来他在原子弹开发项目中发挥了核心作用。

小知识 费米发现中子与铀碰撞可以产生超铀元素，由此荣获 1938 年的诺贝尔物理学奖。此后不久，他与身为犹太裔的夫人一起移民至美国。

101

Md
Mendelevium

◆发现：劳伦斯伯克利国家实验室（1955 年）
◆类别：过渡金属、锕系元素
◆原子量：[258]

钔

通过用氦原子核（α 粒子）轰击锿原子，劳伦斯伯克利国家实验室的阿伯特·吉奥索、格伦·西博格等人成功合成了新的元素——钔。

← 1984 年为纪念门捷列夫诞辰 50 周年而铸造的 1 卢布硬币。钔元素的名称正是来源于这位俄罗斯化学家。

102

No
Nobelium

◆发现：劳伦斯伯克利国家实验室（1958 年）
◆类别：过渡金属、锕系元素
◆原子量：[259]

锘

科学家用碳原子核轰击锔而合成了新的人造元素：锘。瑞典诺贝尔物理研究所的研究小组于 1957 年发表了这一成果，但在后续实验中没有得到确认。1958 年由吉奥索等人组成的研究小组再次成功合成了该元素并得到确认。

←锘元素的名称采用了瑞典一方的建议，来源于炸药的发明者、瑞典化学家阿尔弗雷德·诺贝尔。

103

Lr
Lawrencium

◆发现：劳伦斯伯克利国家实验室（1961 年）
◆类别：过渡金属、锕系元素
◆原子量：[266]

铹

铹是锕系的最后一种元素。1961 年，劳伦斯伯克利国家实验室的吉奥索等人使用重离子直线加速器用硼原子核轰击锎原子而合成得到了铹。

←铹元素的名称来源于物理学家欧内斯特·劳伦斯，他发明了一种名为回旋加速器的装置，促进了新元素的发现。

原子弹中的元素

美国在 1940 年之前就发现了铀 -235 的核裂变反应，1942 年开始在名为"曼哈顿计划"的项目中开发原子弹。1945 年 7 月 16 日，美国在新墨西哥州阿拉莫戈多试验场进行了世界上第一次原子弹试验（如下图），同年 8 月 6 日和 8 月 9 日美国分别向日本广岛和长崎投下了原子弹。在广岛投下的是铀 -235 型原子弹，长崎投下的是钚 -239 型原子弹。

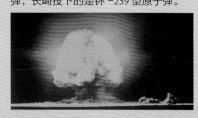

104 Rf Rutherfordium
☢
◆发现：杜布纳联合原子核研究所（1964 年）
◆类别：过渡金属
◆原子量：[267]

铲

1964 年，苏联的杜布纳联合原子核研究所首次发现了铲。1969 年在加利福尼亚大学伯克利分校，吉奥索等人的小组也成功合成了这种新元素。与锕系元素不同，铲的化学性质与锆和铪相似。

←来自新西兰的英国物理学家欧内斯特·卢瑟福。他被誉为核物理学之父，在原子核物理方面取得了巨大成就。104 号元素正是为纪念他而被命名为铲。

105 Db Dubnium
☢
◆发现：杜布纳联合原子核研究所、劳伦斯伯克利国家实验室（1970 年）
◆类别：过渡金属
◆原子量：[268]

铅

1970 年，苏联杜布纳联合原子核研究所报告发现了这种放射性元素。同年，在加利福尼亚大学伯克利分校，吉奥索等人的小组也成功合成了这种新元素。104~109 号元素的名称最终是在 1997 年才确定下来的。

← 20 世纪 80 年代苏联杜布纳联合原子核研究所的回旋加速器。铅元素的名称来源于研究所所在地杜布纳。

106 Sg Seaborgium
☢
◆发现：劳伦斯伯克利国家实验室（1974 年）
◆类别：过渡金属
◆原子量：[269]

𬭩

1974 年，在加利福尼亚大学伯克利分校，吉奥索、西博格等人的研究小组用氧原子轰击锎原子合成得到了新元素。同时期，苏联物理学家也有类似发现，但美国方面的发表被优先采纳了。

←𬭩元素的名称来源于格伦·西博格。这是首次以在世的人物为化学元素命名。

107 Bh Bohrium
☢
◆发现：亥姆霍兹重离子研究中心（1981 年）
◆类别：过渡金属
◆原子量：[270]

铍

1981 年，在德国的亥姆霍兹重离子研究中心，由彼得·安布鲁斯特和戈特弗里德·明岑贝格带领的研究小组用铬原子轰击铋原子合成了新的元素。其化学和物理性质尚不明确。

←铍元素的名称来源于奠定量子力学基础的物理学家尼尔斯·玻尔。

小知识 从 1950 年代至今，加利福尼亚大学伯克利分校的劳伦斯伯克利国家实验室一直是国际物理研究中心之一，发现了𬬻、镄、锘等 14 种新的化学元素。

108 ☢	**Hs** Hassium	◆发现：亥姆霍兹重离子研究中心（1984 年） ◆类别：过渡金属 ◆原子量：[269]

𨭆

1984 年，在德国的亥姆霍兹重离子研究中心，由彼得·安布鲁斯特和戈特弗里德·明岑贝格带领的研究小组用铁原子轰击铅原子合成了新的放射性元素𨭆。它的化学性质类似于锇。

←亥姆霍兹重离子研究中心的彼得·安布鲁斯特。𨭆元素名称来源于该研究所所在地黑森州。

109 ☢	**Mt** Meitnerium	◆发现：亥姆霍兹重离子研究中心（1982 年） ◆类别：未知，可能为过渡金属 ◆原子量：[278]

䥑

1982 年，在德国的亥姆霍兹重离子研究中心，由彼得·安布鲁斯特和戈特弗里德·明岑贝格带领的研究小组用铁原子轰击铋原子合成了新的放射性元素䥑。

←䥑元素的名称来源于发现镤元素并阐明核裂变机理的物理学家莉泽·迈特纳。

110 ☢	**Ds** Darmstadtium	◆发现：亥姆霍兹重离子研究中心（1994 年） ◆类别：未知，可能为过渡金属 ◆原子量：[281]

𫟼

1994 年，在德国的亥姆霍兹重离子研究中心，西格德·霍夫曼等人用镍原子轰击铅原子而合成了新的元素。此时生成的𫟼-269 的半衰期约为 0.00017 秒。

←位于德国黑森州达姆施塔特的亥姆霍兹重离子研究中心（GSI）。𫟼元素的名称来源于该地名。

111 ☢	**Rg** Roentgenium	◆发现：亥姆霍兹重离子研究中心（1994 年） ◆类别：未知，可能为过渡金属 ◆原子量：[282]

𬬭

1994 年，在德国的亥姆霍兹重离子研究中心，由西格德·霍夫曼领导的国际研究小组将重离子直线加速器加速的镍原子轰击铋原子而合成了新的放射性元素。

←𬬭元素的名称来源于物理学家威廉·伦琴，他在 1895 年首次发现了 X 射线。

小知识 亥姆霍兹重离子研究中心是位于德国黑森州达姆施塔特的科学研究机构。它的直线加速器 UNILAC 首次合成了 107~112 号元素。

112 Cn Copernicium ☢♣

◆发现：亥姆霍兹重离子研究中心（1996 年）
◆类别：过渡金属
◆原子量：[285]

锔

1996 年，在德国的亥姆霍兹重离子研究中心，由西格德·霍夫曼领导的研究小组用锌原子轰击铅原子合成了新的放射性元素。俄罗斯的杜布纳联合原子核研究所和日本的理化学研究所也成功进行了追加实验。该元素于 2010 年得到正式确认及命名。

←锔元素得名于 16 世纪主张日心说的波兰天文学家尼古拉·哥白尼。日心说宇宙模型后来也应用于卢瑟福原子模型。

113 Nh Nihonium ☢♣

◆发现：理化学研究所（2004 年）
◆类别：未知，可能为其他金属
◆原子量：[286]

钅尔

2004 年，在日本埼玉县和光市的理化学研究所，由森田浩介领导的研究小组用锌原子轰击铋原子合成了新的人造放射性元素。新元素于 2016 年被正式命名为钅尔（Nihonium），来源于"日本"的日语读音 Nihon，这也是首次由亚洲国家取得新元素命名权。

←曾在日本理化学研究所的仁科加速器研究中心担任研究组组长的森田浩介博士。

114 Fl Flerovium ☢♣

◆发现：杜布纳联合原子核研究所（1998 年）
◆类别：其他金属
◆原子量：[289]

铁

1998 年，俄罗斯杜布纳联合原子核研究所的科学家用钙离子轰击钚原子成功合成了新的人造元素。2012 年该元素名称被认定。

←格奥尔基·弗廖罗夫于 1957 年建立了杜布纳联合原子核研究所。铁元素的名称即来源于他的名字。

115 Mc Moscovium ☢♣

◆发现：美俄联合科学团队（2004 年）
◆类别：未知，可能为其他金属
◆原子量：[290]

镆

2003 年，俄罗斯杜布纳联合原子核研究所和美国劳伦斯利弗莫尔国家实验室联合组成的科学团队用钙离子轰击镅原子合成了新的人造放射性元素。该结果于第二年公布，2016 年该元素名称被认定为镆。

←莫斯科州的纹章。镆元素的名称来源于杜布纳联合原子核联合研究所的所在地莫斯科州的名字。

小知识 杜布纳联合原子核研究所是位于俄罗斯莫斯科州杜布纳市的国际原子核科学研究中心，首次合成了 104~105 号元素、114~118 号元素。

116	Lv	◆ 发现：美俄联合科学团队（2000 年） ◆ 类别：未知，可能为其他金属 ◆ 原子量：[293]
	Livermorium	

铴

2000 年，俄罗斯杜布纳联合原子核研究所和美国劳伦斯利弗莫尔国家实验室的联合科学团队，用钙离子轰击锔原子合成了新的人造放射性元素。2012 年，该元素的名称被正式认定为 Livermorium。

←劳伦斯利弗莫尔国家实验室，铴元素的名称源于该研究机构所在地美国利弗莫尔市。

117	Ts	◆ 发现：美俄联合科学团队（2010 年） ◆ 类别：未知，可能为卤素或类金属 ◆ 原子量：[294]
	Tennessine	

鿬

2009 年，俄罗斯杜布纳联合原子核研究所和美国劳伦斯利弗莫尔国家实验室的联合科学团队用钙离子轰击锫原子合成了新的人造放射性元素。2016 年，该元素的名称被正式认定为 Tennessine。

←美国田纳西州的州徽。鿬元素的名称即来源于田纳西州。该州有许多研究机构，如在合成该元素过程中做出重要贡献的橡树岭国家实验室。

118	Og	◆ 发现：美俄联合科学团队（2002 年） ◆ 类别：未知，可能为稀有气体 ◆ 原子量：[294]
	Oganesson	

鿫

2002 年，俄罗斯杜布纳联合原子核研究所和美国劳伦斯利弗莫尔国家实验室的联合科学团队，用钙离子轰击锎原子合成了新的人造放射性元素。2016 年，该元素的名称被正式认定为 Oganesson。

←该元素得名于物理学家尤里·奥加涅相。他是在杜布纳联合原子核研究所从事新元素合成研究的科学家。

IUPAC 元素系统命名法

　　如果有新元素被发现，一个名为国际纯粹与应用化学联合会 (IUPAC) 的国际组织将赋予发现者命名权。未发现和已发现但尚未正式命名的元素以其原子序数中的数字对应的词根加上"ium"（意为"元素"）的后缀作为临时元素名称。这种命名规则即为 IUPAC 元素系统命名法。例如，119 号元素被称为"Ununennium"，126 号元素则被称为"Unbihexium"。

数字	词根
0	nil
1	un
2	bi
3	tri
4	quad
5	pent
6	hex
7	sept
8	oct
9	enn

小知识 传统上，新元素的名称多与神话、天体、矿物、地名、科学家有关。镆和鿫是唯二以当时仍在世的人（格伦·西博格和尤里·奥加涅相）命名的元素。

专栏 **Cｏｌｕｍｎ**

新时代的炼金术

寻找新元素

日本理化学研究所仁科加速器研究中心的重离子直线加速器（RILAC）。在这里，重离子束得到加速进而高速轰击靶原子，科学研究团队在此发现了钅尔元素。（该图片由日本理化学研究所提供）

"化学"一词是从炼金术演化而来的。古时候炼金术师的终极目标是通过那些便宜易得的贱金属相互反应而制造黄金。遗憾的是，虽然炼金术没能制造出黄金，但人们在炼金过程中对物质性质的研究和理解逐渐深入，奠定了现代化学的基础。

现在，随着粒子加速器的发明，原子核的种类变化成为可能，"炼金术"也不再是不可能的了。例如，利用粒子加速器使水银与铍发生碰撞，就可以生成金原子。但是，与目前的黄金价格相比，粒子加速器的使用费用更高，因此目前没有实用价值。

然而，比黄金更稀有的人造元素的合成研究至今仍在进行，其竞争态势日趋激烈。在这种大环境下，日本在亚洲范围内首次发现了新元素。

钅尔（Nihonium）是 2016 年 11 月确定命名的 113 号元素。但是，该成果的成功之路出乎意料的漫长。日本理化学研究所对超重元素的合成研究始于 1984 年，超重元素是指 103 号之后的人造元素。当用经加速器加速的原子核束撞击靶原子时，会发生核聚变，从而合成新元素。但是原子序数越大，带正电荷的质子之间的库仑斥力就越

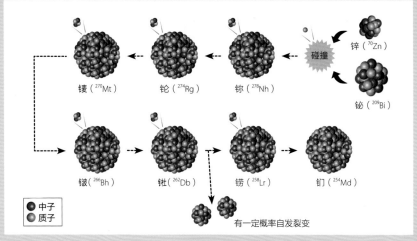

要证实一种新元素的合成，必须确认它在衰变后会变成已知的元素。在𬭶的衰变链中，经过 4 次 α 衰变后的𬭊有一定的概率自发裂变而导致实验失败。最终在理化学研究所的第三次实验中，𬭶经过 6 次 α 衰变形成了 101 号元素钔。

大。因此，必须让原子核以极快的速度碰撞。此后，随着理化学研究所对重离子直线加速器的引进，离子束的强度得到了提升。2004 年，理化学研究所的科研团队利用加速器使 83 号元素铋原子核与 30 号元素锌原子核碰撞，最终成功合成了 113 号元素。

到 2012 年为止，理化学研究所共进行了三次实验，每次合成一个𬭶原子，在这期间共进行了近 400 万亿次粒子碰撞。实验产生的𬭶 −278 的半衰期约为 0.0002 秒，通过测量实验过程中的衰变数据，就能判断是否产生了新元素。在这三次实验中，前两次由于日本科学家未能充分观测到新元素衰变后的产物，因此实验结果未被承认。2012 年，他们进行了第三次实验，并通过一系列的观测最终确定合成了 113 号元素。理化学研究所获得了新元素的命名权，它的名称在 2016 年被正式认定为 Nihonium。与日本相关的化学元素就这样诞生了。

元素周期表并不是到第 7 周期就截止了，118 号之后的元素的相关合成实验也在进行中。研究人员的目标之一就是合成出 126 号元素。具有 126 个质子和 184 个中子的原子核被认为更稳定（双幻核），可能具有几分钟或更长的半衰期（稳定岛理论）。

元素名称来源列表（按发现年份排序）

发现年份	元素名	原子序数	来源	发现年份	元素名	原子序数	来源
—	Carbon	6	木炭（拉丁语，carbo）	1791	Titanium	22	泰坦（神话，Titan）
—	Sulfur	16	硫黄（拉丁语，sulpur）	1794	Yttrium	39	伊特比村（地名，Ytterby）
—	Iron	26	强大（希腊语，ieros）	1797	Chromium	24	颜色（希腊语，chroma）
—	Copper	29	塞浦路斯（地名，Cuprum）	1798	Beryllium	4	绿柱石（矿物，beryl）
—	Silver	47	银（古英语，sioltur）	1801	Vanadium	23	凡娜迪斯（神话，Vanadis）
—	Tin	50	锡（古英语，tin）	1801	Niobium	41	尼奥贝（神话，Niobe）
—	Antimony	51	异教徒（法语，antimoine）	1802	Tantalum	73	坦塔罗斯（神话，Tantalus）
—	Gold	79	闪亮（印欧语，ghel）	1803	Rhodium	45	玫瑰色（希腊语，rhodon）
—	Mercury	80	墨丘利（神话，Mercury）	1803	Palladium	46	智神星（天体，Pallas）
—	Lead	82	铅（古英语，lead）	1803	Cerium	58	谷神星（天体，Ceres）
—	Bismuth	83	白色物质（德语，Wissmuth）	1803	Osmium	76	臭味（希腊语，osme）
11 世纪	Zinc	30	尖锐（德语，zinke）	1803	Iridium	77	伊利斯（神话，Iris）
13 世纪	Arsenic	33	黄色（波斯语，zarnikh）	1807	Sodium	11	头痛（阿拉伯语，Suda）
1669	Phosphorus	15	发光（希腊语，phosphoros）	1807	Potassium	19	草木灰（英语，potash）
1735	Cobalt	27	恶魔（德语，kobalt）	1808	Boron	5	硼砂（矿物，borax）
1748	Platinum	78	类银（西班牙语，platina）	1808	Calcium	20	石灰（拉丁语，calx）
1751	Nickel	28	恶魔（德语，Nickle）	1811	Iodine	53	紫色（希腊语，iode）
1755	Magnesium	12	麦尼西亚（地名，Magnesia）	1817	Lithium	3	石头（希腊语，lithos）
1766	Hydrogen	1	产生水的物质（希腊语，hydro genes）	1817	Selenium	34	月亮女神（神话，Selene）
1771	Oxygen	8	产生酸的物质（希腊语，oxys genes）	1817	Cadmium	48	卡德摩斯（神话，Cadmus）
1772	Nitrogen	7	硝石（希腊语，nitre）	1824	Silicon	14	打火石（拉丁语，silex/silicis）
1774	Chlorine	17	黄绿色（希腊语，chloros）	1825	Aluminum	13	明矾（矿物，alumen）
1774	Manganese	25	软锰矿（矿物，manganese）	1826	Bromine	35	恶臭（希腊语，bromos）
1774	Barium	56	沉重（希腊语，barys）	1828	Thorium	90	托尔（神话，Thor）
1778	Molybdenum	42	辉钼矿（矿物，molybdenite）	1839	Lanthanum	57	躲藏（希腊语，lanthanein）
1782	Tellurium	52	地球（拉丁语，Tellus）	1843	Terbium	65	伊特比村（地名，Ytterby）
1783	Tungsten	74	重石（瑞典语，tung sten）	1843	Erbium	68	伊特比村（地名，Ytterby）
1787	Strontium	38	斯蒂朗蒂安（地名，Strontian）	1844	Ruthenium	44	俄罗斯（地名，Ruthenia）
1789	Zirconium	40	锆石（矿物，zircon）	1860	Cesium	55	天蓝色（拉丁语，caesius）
1789	Uranium	92	天王星（天体，Uranus）	1861	Rubidium	37	深红色（拉丁语，rubidus）

发现年份	元素名	原子序数	来源	发现年份	元素名	原子序数	来源
1861	Thallium	81	绿芽（希腊语，thallos）	1939	Francium	87	法国（国名，France）
1863	Indium	49	靛蓝（拉丁语，indicum）	1940	Astatine	85	不稳定（希腊语，astatos）
1868	Helium	2	太阳（希腊语，Helios）	1940	Neptunium	93	海王星（天体，Neptune）
1875	Gallium	31	高卢（地名，Gallia）	1940	Plutonium	94	冥王星（天体，Pluto）
1878	Ytterbium	70	伊特比村（地名，Ytterby）	1944	Curium	96	居里夫妇（人名，Curie）
1879	Scandium	21	斯堪的纳维亚（地名，Scandinavia）	1944	Americium	95	美洲（地名，America）
1879	Samarium	62	铌钇矿（矿物，samarskite）	1945	Promethium	61	普罗米修斯（神话，Prometheus）
1879	Holmium	67	斯德哥尔摩（地名，Holmia）	1949	Berkelium	97	伯克利（地名，Berkeley）
1879	Thulium	69	极北之地（地名，Thule）	1950	Californium	98	加利福尼亚（地名，California）
1880	Gadolinium	64	硅铍钇矿（矿物，gadolinite）	1952	Einsteinium	99	爱因斯坦（人名，Einstein）
1885	Praseodymium	59	绿色的双胞胎（希腊语，prason didymos）	1952	Fermium	100	费米（人名，Fermi）
1885	Neodymium	60	新的双胞胎（希腊语，neost didymos）	1955	Mendelevium	101	门捷列夫（人名，Mendeleev）
1886	Fluorine	9	萤石（矿物，fluorite）	1958	Nobelium	102	诺贝尔（人名，Nobel）
1886	Germanium	32	德国（国家名，Germany）	1961	Lawrencium	103	劳伦斯（人名，Lawrence）
1886	Dysprosium	66	难以取得（希腊语，dysprositos）	1964	Rutherfordium	104	卢瑟福（人名，Rutherford）
1894	Argon	18	懒惰（希腊语，argon）	1970	Dubnium	105	杜布纳（地名，Dubna）
1896	Europium	63	欧洲（地名，Europe）	1974	Seaborgium	106	西博格（人名，Seaborg）
1898	Neon	10	全新的（希腊语，neos）	1981	Bohrium	107	玻尔（人名，Bohr）
1898	Krypton	36	隐藏（希腊语，kryptos）	1982	Meitnerium	109	迈特纳（人名，Meitner）
1898	Xenon	54	外来者（希腊语，xenos）	1984	Hassium	108	黑森州（地名，Hassia）
1898	Polonium	84	波兰（国名，Poland）	1994	Darmstadtium	110	达姆施塔特（地名，Darmstadt）
1898	Radium	88	辐射（罗马语，radius)	1994	Roentgenium	111	伦琴（人名，Rontgen）
1899	Actinium	89	光线（希腊语，aktinos）	1996	Copernicium	112	哥白尼（人名，Copernicus）
1900	Radon	86	镭射气	1998	Flerovium	114	弗廖罗夫（人名，Flyorov）
1905	Lutetium	71	巴黎（地名，Lutetia)	2000	Livermorium	116	利弗莫尔（地名，Livermore）
1918	Protactinium	91	在锕之前	2002	Oganesson	118	奥加涅相（人名，Oganesian）
1923	Hafnium	72	哥本哈根（地名，Hafnia）	2004	Nihonium	113	日本（国名，Nihon）
1925	Rhenium	75	莱茵河（拉丁语，Rhein）	2004	Moscovium	115	莫斯科（州名，Moscow）
1937	Technetium	43	人工的（希腊语，technetos）	2010	Tennessine	117	田纳西（州名，Tennessee）

参考文献

- 文部科学省「一家に 1 枚周期表（第 7 版）」。
- 『理科年表 平成 29 年』国立天文台編、丸善、2016 年。
- 『元素大百科事典』渡辺正監訳、朝倉書店、2014 年。
- 『ミネラルの事典』朝倉書店、2003 年。
- ウィークス他『元素発見の歴史 1~3』大沼正則監訳、朝倉書店、1988~1990 年。
- セオドア・グレイ『世界で一番美しい元素図鑑』武井摩利訳、創元社、2010 年。
- 齊藤正巳『切手が伝える化学の世界』彩流社、2013 年。
- 桜井 弘編『元素 111 の新知識 第 2 版増補版』講談社、2013 年。
- オリバー・サックス『タングステンおじさん』斉藤隆央訳、早川書房、2016 年。
- 左巻健男、田中陵二『よくわかる元素図鑑』PHP 研究所、2012 年。
- 二宮健二編『地理統計要覧 2015 年版』二宮書店。
- 松原 聰『日本の鉱物（増補改訂フィールドベスト図鑑）』学研、2009 年。
- 若林文高監修『元素のすべてがわかる図鑑』ナツメ社、2015 年。
- Newton 別冊「完全図解 周期表 第 2 版」ニュートンプレス、2010 年。
- Newton 別冊「ビジュアル化学 第 3 版」ニュートンプレス、2016 年。
- Newton 別冊「これからの最先端技術に欠かせないレアメタル レアアース」ニュートンプレス、2011 年。
- Ronald Louis Bonewitz, Rocks & Minerals. Dorling Kindersley, 2008.
- http://www.nishina.riken.jp/113/index.html
- http://www.ciaaw.org/atomic-weights.htm
- http://www.rsc.org/periodic-table

图像版权